我和花草
谈恋爱

—— "耳朵花园" 的秘密

Intimate with Greens

耳朵 著

U0199281

中国林业出版社
China Forestry Publishing House

图书在版编目（CIP）数据

我和花草谈恋爱："耳朵花园"的秘密 / 耳朵著 .
– 北京：中国林业出版社，2020.1（2020.5 重印）

ISBN 978-7-5219-0438-3

Ⅰ . ①我… Ⅱ . ①耳… Ⅲ . ①花卉—观赏园艺 Ⅳ . ① S68

中国版本图书馆 CIP 数据核字 (2020) 第 004662 号

责任编辑：印 芳 王 全
出版发行：中国林业出版社
　　　　　（100009 北京西城区刘海胡同 7 号）
　　　　　http://www.forestry.gov.cn/lycb.html
电　　话：010-83143565
装帧设计：刘临川
印　　刷：固安县京平诚乾印刷有限公司
版　　次：2020 年 4 月第 1 版
印　　次：2020 年 5 月第 2 次
开　　本：710mm×1000mm 1/16
印　　张：12
字　　数：300 千字
定　　价：88.00 元

我和花草
谈恋爱

Intimate
with
Greens

美丽宛如
一次多重的相遇

因为耳朵写序的邀请，我几乎是第一个阅读过此书的花友，所以也充分做好了剧透别人的准备，剧透不长，就这么一句："美丽宛如一次多重的相遇（米兰·昆德拉）"。

在大部分人眼中，园艺的最初印象大概是田园牧歌，诗与远方，这是第一重相遇；过了被美貌冲昏头脑的时期，随之而来的工作让田园牧歌变成下地农活，还得时不时应对各种疑难杂症与无名小虫带来的"飞来横祸"，你开始怀疑人生，这是第二重相遇；与植物互虐的日子里但产生乐趣，园艺依旧美，且足够安慰人心，开始互相了解的同时也让生活得到治愈，这是第三重相遇。园艺就这样完成了一个众里寻他千百度的美丽过程。

这本书就完整地呈现了这些美丽的相遇，当然耳朵是一个非常坚定的园丁，她不惧于展示美丽花园外在下的艰苦内在，一路跌跌撞撞，一路精彩纷呈，园艺经历就变得格外弥足珍贵。于是造花园，或者是园艺这件事依靠的不仅仅是天时地利人和，而是足够坚定的信念，这样"整个宇宙会合力助你实现愿望"。

耳朵的花园是中国家庭园艺的一个缩影，作为"虹越"的经营者，20多年的从业时光里，我参与了中国家庭园艺从萌芽到成长的过程，越来越成熟的平台渠道让人们有更多可能去接触美好的园艺，所以家庭园艺虽然还不够成熟却也在一路奋进。

这其中，虹越扮演着园艺铺路者的角色。像耳朵这样的园艺达人，他们走在这条路前头，他们的经历，他们的故事，他们的坚决，在一路吸引着更多的跟随者一同前往探索这漫长且永恒美丽的旅程。耳朵的花园做得认真，书也写得很不错，很活泼可爱，完全是从心而出，这也不是我们这样从事专业园艺的人所能写的。之前，也有出版社想让我们来写这类的书，我说这样的书我及公司的员工没有一位能够写的，因为，没有亲身，没有从头到尾经历过，纸上谈兵的，写不出，写出来了也没有人会看。看到耳朵的这本书稿，我认为这就是个人园艺爱好者和花园DIY的花友所想要的书。

也再次感谢耳朵那些与花草足够动人的"恋爱故事"，希望阅读此书的花友可以从中汲取力量，希望在这个领域还有"远道而来"的朋友也能够萌发一些园艺的念头，这是我作为从业者的热切祝愿。

2019年11月12日

江胜德 中国家庭园艺领军人物、虹越花卉股份有限公司董事长 & 总裁

我和花草谈恋爱

常有人说问我：种花多少年了？呀！这个问题，似乎不是很好回答：因为如果从小时候算起，那就是大半辈子了；从拥有花园算起，也有十五六年了；如果从改造算起，也有七年了。七年之痒，该挠一挠了，所以决定把这些年的碎碎念整理成册，为自己这些年的折腾做一个注解。

话说这么多年，我也从美好青春上蹿下跳到了不惑中年。这么多年，我的家人朋友真是为我的个人问题操碎了心？！哦不不不，其实他们谁都顾不上我，连亲妈也不管我。他们置我于水深火热不顾，还常常以我为范本对单身充满各种不切实际的美好幻想。我跟他们抱怨我十多年没有恋爱可谈，他们说我：不是你眼睛长在天花板上，就是天天跟花草谈恋爱；还警告我：你眼看都过成了自己想要的模样，别在柴米油盐里瞎掺和。说得我好像不食人间烟火，不用为五斗米折小腰似的。

得，我跟花草谈恋爱！

不过仔细一想，连我自己都觉得我和草木之间像极了爱情：她让我欢喜让我忧，让我甘心为了她付出我所有：时间和金钱、体力和精力；她给我美丽为我解忧，让我为她改变写下诗篇，读她千遍也不厌倦；从三日不见如隔三秋，到此生再也不能分开，胜过我以往一切暗恋、单恋、苦恋和热恋。

当然，和花草谈了这么多年深刻的爱情，我终于也咸鱼翻身混成了"情场老手"，微博、朋友圈总是有很多朋友追着问我养花和造园的种种。有时候，我也会被一些重复性的问题问到怀疑人生。

于是，我也琢磨着把这些年的经验和体会整理成册分享给大家。虽则不是专业高手，虽则我的套路不一定适合你，但我有我的态度，我折腾的劲头愿带给你激励。记得，有一点是共通的，那就是：种花就像谈恋爱！

另外，这些年，我也接触了很多深陷困局和挫折的姑娘。其实，我也经历过挚亲离别，经历过倾家荡产，经历过爱人离去，经历过癌症侵袭，没有办法祈求岁月可否温柔，没有办法向谁叩问命运公平与否。愤怒没有用、痛苦没有用，嫉恨没有用，抱怨没用，人生的境遇，其实全看你的心境。

园艺的好处就是治愈，治愈一切犯神经的时刻和犯神经的人。所以，每一次遇到忧伤的姑娘，我都劝她去种一株花。花会告诉你生活的意义，用力干活，大口吃饭。纵使心中百转千回，哪还有什么时间忧伤？

一个没有内耗的生命才是一个鲜活灿烂的生命。我也想身体力行，用这本小书顺便告诉你：有梦想的人生，会闪闪发光！不仅仅是园艺！

耳朵

2019年10月

摄影/晓恒

园艺的好处就是治愈。所以，每一个忧伤的姑娘，我都劝她去种一株花。

梦想，
是一种信仰

　　"工作那么忙，回家还要带孩子，自己一点时间都没有，哪里有时间种花？"

　　"上有老，下有小，要还贷，要养车，吃喝拉撒，人都养不活还养花？"

　　"种仙人掌都死，家里一堆空花盆，种点绿萝吊兰就不错了，还种什么花呀？"

　　作为一个园丁，在成长的路上一定没少听到这样的明示或者暗示。而我就是那个没有很多钱，没有很多时间，没有很多经验却对园艺跃跃欲试的"三无愣头青"。好在这个愣头姑娘倔得跟一头驴似的，对这些垂头丧气的话总是充耳不闻，一个人闷声不响，潜心跟梦想较劲，几年后的自己终于脱胎换骨，那巴掌大的小院也翻天覆地。"耳朵的花园"渐渐趋近梦想的样子，好像慢慢也成了朋友口中"别人家的花园"。那么，这算不算是一次成功的逆袭？

　　当然这一切的前提是，我得有个花园。我不否认，幸运总是来得有点意外。十六年前房子买来是1800元一个平方。对，你没看错，是1800，不是18000！那时候小城的商品房刚刚起步，买房一楼和六楼都遭人嫌弃，三、四楼则都是一抢而空。房产公司为了促销，六楼送露台，一楼送花园。有时候真要感谢我性格里极其离谱的那一部分，我觉得六楼的大露

二

自序

梦 想 ， 是 一 种 信 仰

- IX

台阳光房可以看流星雨，一楼白色栅栏的小院可以芬芳满地，一切都浪漫得不可思议，暗合我20岁时那个白色栅栏的花园梦想，捉襟见肘的我们愉快地选择了一楼。

自从得到了这个梦想中的白色栅栏的院子后，我立马觉得生活"洋气"了很多，每每看到西片里气质优雅的主妇，我的代入感不自觉地强烈起来。家里人也高兴坏了，来帮忙带孩子的老妈也觉得生活"阳气"十足，在院子里拉了几条废旧电线，晒起孩子尿片来毫不收敛，彩旗招展，似是故人来。孩子的爷爷奶奶也是很来劲儿，先送来两棵土月季，一棵是红色的，另一棵当然是黄色的，一棵种东边，一棵种西边；不久又送来两棵土茶花，一棵是红色的，另一棵也是红色的，一棵种东边，一棵种西边……我觉得我的地位受到了严重的威胁，我也管不了什么玫瑰花园了，先种它个30棵明媚的向日葵，声势浩大占领个地盘再说……

这么看来我早期的花园生活也极其逗比像一场闹剧。不过很快，剧情急转直下，轮到我的生活变成一场闹剧，鸡飞狗跳，一地鸡毛，小院也变得无足轻重，植物生死不明。直到2008年，我痛定思痛，决定召唤我的花园神龙，开始在混凝土上种玫瑰。我在花鸟市场跟一个做工程的帅哥软磨硬泡抢他看中的大花月季；我在网上淘来一堆"藤月"，图片看起来很美、长出来让人心碎。种植毫无经验，挖坑埋下，一切靠天吃饭，花草自负盈亏，我基本袖手旁观。长得美的都被邻居大妈悄悄挖走，长得丑的很快死于我的意念。真正打造现在的院子，已是2012年那个阳光明媚的秋天。

院子是个长条形，和住房齐平，三个开间的长度，12米；两侧进深稍有差距，在4.75~6米的样子，拼拼凑凑大约60平方米，中间还被笨重的楼梯占去了好大一部分。当然有楼梯也是好的，院子的立体感就出来了，而且江南的一楼普遍潮湿，有个架空层，住房就理想很多，院子里的虫虫怪怪也可以隔绝开来。

我对院子的面积其实有点耿耿于怀，屁股大的地儿，一眼望尽，很难做到曲径通幽、柳暗花明，春天，如若花繁叶茂，就更显拥挤。每每有人提出要来"参观"院子，我都诚惶诚恐。但有人提醒我，别贪心，有些人的住房还不足60平方米！我本来想嘟嘟囔囔说，人家300平的才叫花园，一听这话，我立马闭嘴！老实说，这个巴掌小院让我一个人鼓捣，其实也已够。没错，拥有即要感恩，贪心不足拖出去喂狗！

我并不是一个见多识广的人，身边也没有任何经验可以借鉴，跟很多花友一样我对造园豪情万丈却完全不懂章法，自始至终只凭一腔原始热情，想到哪里做到哪里。

当然这么"任性"和不专业的另外一个重要原因，是我囊中羞涩，我没有能力一次性为一个院子投入几万块钱来作一次全面的硬装，这真的是我的硬伤。

第一次咬紧牙关为院子花钱，是沿着楼梯四周为自己铺了一条规规整整傻里傻气的红色透水砖小路。我当时唯一的目的是不想每次下院子都拿着棍子小心翼翼敲打每一寸草丛，唯恐草丛里窜出一条蛇怪平白无故取了我性命！尽管以我现在的审美很想把这条路给撬了，但当初也是成就感满满，觉得这勒紧裤腰的1300元花得太值当了，从此下楼我都可以蹦蹦跳跳了。第二次花钱，是更换那被风吹雨打的七零八落忍无可忍的白色木栅栏，一共花了2245元，我小心肝那个都疼啊。再后来，我又忍无可忍把一侧光照、土壤等种植条件极其没有改造价值的地方铺设了防腐木，做了一个不足5平方米的休憩平台，花了我2300元。2016年的秋天，我再次历经身心交煎，亲手拆了那堵让我百爪挠心的铁线莲花墙，打造了一架我心心念念的欧式廊架。至此，我可以心安理得死心塌地去喝西北风了。

至于余下的事情，我全部以 "一个人能完成""省钱好看"作为行为基本准则，因为一切都需要靠我那两只并不灵巧的瘦骨嶙峋的手。我学会

了看图纸，拧螺丝、刷油漆、木箱、木头拱门、铁艺花架全部自己动手安装。装了拆，拆了装，倒了扶，扶了又倒，两手血泡；人不够高，手不够长，力气不够大，自己跟自己较劲只差嚎啕大哭。

所有的花境养成也全凭运气，不会转弯的脑袋只知道沿着栅栏种一圈，但这一点也足以要了我的命。因为刨开20厘米浮土，整个院子都是令人绝望的灰色混凝土，蛇皮垃圾袋装着整袋整袋埋在下面，水泥吊桶、塑料薄膜、砖块、大理石碎块，一锄头下去，火星四溅……好在愣头姑娘认定的事情死磕到底，一个脸盆一双手，花园薄土层下无边无际的建筑垃圾竟然被我更换了一遍。几十袋新土，由于车子送不进来，我从路口一步三歇一袋一袋挪回来。那种劳累，就是坐在地上再也不想起来，躺在床上再也不能动弹，动下嘴皮都觉得力不从心，拿个筷子手颤抖不已。而所有的劳作都是见缝插针，一分钟掰成两半花，你睡觉我起床，你逛商场我干活，整天激情四射斗志昂扬。现在回头细看，都觉得自己不可思议，唯一能解释这种变态行为的理由，只有一个：梦想，是一种信仰。

每一朵努力绽放的花朵都值得歌颂，每一个努力的人都应该得到褒奖。园艺最让人欢喜的地方就是一分耕耘一分收获。看，每一个繁盛的枝桠都开着梦想的花朵，蝴蝶在我手心驻留，小鸟在花枝唧啾，一切都好像上天给我掉了一个大馅饼，好像不曾有过汗泪交织，好像不曾有过天人交战，一切被幸福占据！

管他有钱没有钱，有时间没时间，有经验没经验，来嘛，姑娘，一起喊：茄~子~!

耳朵

2016年9月

原文曾刊登于《花也》和《中国花卉园艺》

目录

序   II
自序一   V
自序二   VIII

Part 1

每个不曾开花的日子
都在默默耕耘

003
种花，从秋播开始！

007
球根种植季，来吧，我们挖坑
埋下它！

012
鲜花插在牛粪上
——埋冬肥，考验一个园丁理想主义
情怀的时刻到了

020
没有受过伤的园丁不是好园
丁！
——关于冬季修剪的一些事

026
蓝天白云，请你来场暴风雨
——浇水这件小事

Part 2

为你欢喜为你忧

032
"千年极寒"和"速冻"花园

036
园艺路上的捣蛋鬼

040
如果如期盛放，请记得感恩上苍

044
茎蜂：我就喜欢你看不惯又干
不掉我的样子

048
总有一个时候被自己蠢哭

052
惨不忍睹的夏天

057
虫虫，怕怕！

064
如果一个园丁要远行

Part 3

为你身心焦煎也为你
改变

071
择一城，造一园我在此处，等
清风拂面

Contents

077
上房揭瓦，就这么定了

083
再敢上房揭瓦？打断你的腿！

089
你不是在搭廊架，你是在帮我造梦

114
潘金莲 or 旱金莲

118
草花明星——毛地黄

129
种一棵美丽的"菜"

136
玫瑰玫瑰，我爱你

142
一不小心，爱上了铁线莲

150
无尽夏，你开成自己的模样就好

154
关于"射干"的两重记忆

158
心中开了一朵向阳花

164
忘掉薰衣草，你只差一碗解药

187
园艺，让我更美丽！

191
为什么一个园丁要拍照？

196
心有慈悲，万物皆美

Part 6
十二月花事手帖

Part 4
读你千遍也不厌倦

100
香奈儿！买买买！

107
从此，　爱上的花都像它

Part 5
美，是一种责任

175
遇见美，何其幸运！

178
美，是取舍

207
花园 · 四季
——此文献给妈妈和她的花园

208
后记

Part 1

每个不曾开花的日子
都在默默耕耘

每一朵花开的背后，都有一个不辞劳苦的园丁。

播种栽植、施肥浇水、修剪打理，没有技能不足以谈热爱。

园艺，最让人喜欢的地方就是：

一分耕耘一分收获。

每个不曾开花的日子，都在默默耕耘。

每个不曾开花的日子，都在蓄势待发。

请你一定耐心等待。

/ 种花，从秋播开始！/

　　天微微一凉，我好像渐渐从夏日的蛰伏里苏醒，身体的每一个细胞都开始蠢蠢欲动。毫无疑问，面对这个夏天留给我的凌乱不堪、惨不忍睹的花园，我的强迫症又开始对我发难了。

　　难得捉到自己一日空闲，窗外却台风肆虐。原本这样的日子应该清茶一杯书一本，哪怕无聊至极玩个美颜自拍、发个朋友圈获得一通心照不宣的赞美也是极配的。

　　当然，我没有作出这么理智的选择，因为风雨交加也压不住我的病症。我翻箱倒柜找到一件雨衣，披挂冲锋陷阵在九月的台风里。不透气的塑料雨衣，让缩在里面的身体闷热无比，发梢上的水珠一颗一颗顺着脖子下滑，我的大脑背板上不停闪现出一行壮烈的自我描述：分不清这是雨水还是汗水！

　　强迫症患者历来都擅长自我作践。等"吭哧吭哧"收拾完那一堆乱七八糟的空花盆，我的每一个细胞应该都在欢愉地叫嚣：我要种花！我要种花！！我要种花！！！

　　当然，实际我并无花可种。好像全世界都还没从夏日高温的打击里恢复元气，又被接连不断的秋日台风折磨得神魂颠倒。我翻遍网络跑遍园艺卖场都没有找到配

/ 小贴士 /

旱金莲的种子需要浸泡，关键是要赶在气温还
在 25℃左右的时候播下；花毛茛的"根爪子"
需要在冰箱保湿冷藏低温催芽；细微的种子可
以拌沙一起播撒。

—— Tips

合我情绪的卖家，找不到一棵我想添置的花苗。

我无法容忍自己除了在雨水里洗空花盆就无所事事的样子，这对不起我每一颗活跃的热忱的细胞。我!要!播!种!

我被自己的这个新决定吓了一跳！但是，秋播，原本不就是一个合格园丁的本分嘛？作为一位已经算不得新手的园丁，你又在这里矫什么情，跳什么跳？

其实，每一个不计划播种的园丁，一定有段不堪的播种史。来看看我往年的播种经验吧，简直就像一场闹剧。我曾经盼星星盼月亮、满腔热情地撒了一大堆种子，最后我连影子都没看到，这对我幼小的园丁之心造成过一万点的暴击。也曾经撒了一堆种子后，苗多得密密麻麻铺天盖地，我被这生猛的架势搞得不知所措：把苗掐死啊，臣妾做不到；想给他们找个好人家吧，好人家总是这么回我："我不会种哎，我怕种死哎，你给我一盆养大的吧。"啧啧啧！而我最最不能忍受的还远不止这些，因播种而堆叠得到处都是毫无看点的盆盆罐罐，这对我的审美绝对是一大挑战。所以，根据历年的拙劣经验，我信誓旦旦地放话，姐再也不玩播种了！

得承认，岁月会时过境迁，誓言也会改变。新的决定让我忙得团团转。买种子、买介质、买药水、买肥料、买标签、买育苗块育苗盒……我被打回一个新手准备发家的状态，七零八碎一堆快递搞得自己晕头转向。

旱金莲的种子需要浸泡，关键是要赶在气温还在25℃左右的时候播下，否则颗粒无收也不是没有经历过（远不及院子里自播的）；花毛茛的"根爪子"需要在冰箱保湿冷藏低温催芽，否则空欢喜也不是没有发生过；细微密植的种子需要和沙一起播撒，密不透风的事儿也没少干过；为了防止泛滥，角堇用了穴盘，种子天竺葵播在了育苗块……拍拍手掌，两手叉腰，从院子到阳台、从阳台到冰箱，仿佛到处都是蓄势待发的春天。

我又成了那个初涉园艺的傻姑娘，每天一早起床，直冲阳台，掀开一个一个的育苗盒。这一次，我应该是"在对的时间做了对的事"，往年颗粒无收的旱金莲都发芽了，天竺葵也探出了头，牛至、滨菊、白晶菊一片绿油油……当阳光照过每一棵嫩芽，满心都是新生的欢喜，所有的病症仿佛都在瞬间治愈。

/球根种植季，
来吧，我们挖坑埋下它！/

郁金香‘皇家珊瑚’

　　在下一个环节到来之前，我终于在木工师傅的帮助下"惊铃咣啷"把廊架竖了起来。一块巨石落地，我莫名有了一种余生都"吃喝不愁高枕无忧"的感觉。我想，一切按照自定义的节奏有条不紊地行事，那是生活给一个讲究秩序的强迫症患者最好的解药。

　　话说，一个秋冬花园的景色也许大不如前，但一个秋冬季节的园丁却必须全力以赴。我又开始一个人起早贪黑、见缝插针，利用一切可以利用的时间，爬高走低飞檐走壁，把师傅刷得不够白的新廊架连同与新廊架对比略显泛黄的旧格栅统统刷得雪白。别看我长得风来就倒，其实我有一颗五大三粗的心。补漆、整理院子之类凭我一个人的力量都能慢慢搞定的粗活脏活累活，都被我列为芝麻小事，不足挂齿！

　　深秋的风夹带着阵阵寒凉，门前树上的黄叶纷纷落下，包裹着球根的快递开始一个接着一个地飞来。这预示着我必须尽快完成手头的各项杂事，备战球根种植季！

　　球根类花卉是我见过的最适合懒人的植物，挖个坑埋下，只要没有发生山崩地裂这样的事情，坐着、躺着都能等到一个妙不可言的春天。当然，对我这种"没事找事"的人来说，尽管没有发生山崩地裂这样的事情，也一定会自己整出点自命不凡的动静出来。

不知你是否记得，我曾经跟你们说过：我家铺天盖地、覆盖楼梯的美丽金银花、'京红九'瞬间失根枯萎，我家拱门两侧的月季根部全部被蚕食！如果你知道我曾气急败坏抓这种叫作"蛴螬"的食根白肉土虫抓到变态的样子，你就明白我种植种球的重点不在种植，而是掘地三尺清理门户！没错，我不仅要翻腾我家没有上百也有几十盆的盆栽植物，还要把整个院子掘个底朝天！

园丁永远要记住：土壤是植物的根本！只有这个根基可靠，花草才能茁壮成长，否则我也用不着这么多年孜孜不倦立志于更换和改造花园的土壤。所以即便土壤没有遭到蛴螬的祸害，经过一年雨水的冲刷和日常灌溉，沉积板结的泥土都应该在秋冬进行一次翻垦和疏松。

当然，别看我说得豪气冲云天，大部分情况都属于自不量力。翻垦这件事是除了硬件改造之外，我最最渴望拥有仙女的魔法棒的事。要知道，秋冬的天亮得特别晚，黑得特别早，一个上班族即便有起早贪黑的意志，老天却绝没有半分体谅的意思，所有的园艺活只能留待周末去完成。上班族的苦恼是周末也不能好好地过，时

园艺路上，总有几个场面混乱不堪。一到冬天，一冲动，我就掘地三尺。

风信子'蓝星'　　　　　　　洋水仙'粉红魅力'

不时需要值个班什么的；当然，即便不往单位跑，也得打扫打扫狗窝一样的家，安慰安慰吃了一周快餐、食堂的胃，放空放空自己愁肠百结的小心灵……不是吗？

　　但是一个被自己作死的园丁，但凡在所有的活计干完之前，是绝不可能有心思窝在沙发守着暖炉喝着热茶度余生的，因为整个春天的蓝图都是这个时候靠自己的双手一一布下。

　　翻垦泥土、种植种球、施埋肥料、修剪枝条各项活计迫在眉睫。盆栽植物还好商量，地栽都是间作套种，一动九惊，土不能迟挖，肥不能早施，球不能晚种，苗不能早栽，各个步骤环环相扣，每个事情掐准了这个点，不能早一步不能晚一步。要是逢着江南绵绵不断的冬雨，一个周末的工夫被耽误，那真是急得要骂娘。

　　所以，清理泥土这样的基础工作越早完成才有越早猫冬的可能。但不要以为翻垦院子就是一件单纯的体力活。你要想到锄头所到之处，到处有盘根错节的根系，有四处藏匿的百合球根、有不动声色的玉簪根团、有需重新安置的萱草以及潜沉的洋水仙们的陈年旧球。有时候锄头一挥就搞断了月季粗壮的大根，有时候"咔嚓"就废了一个碗口大的百合球根……各种误打误撞，捶胸顿足，没有这金钢钻还真不

番红花‘匹克威克’

/ 小贴士 /

1. 在种植秋季球根花卉前，花园的泥土最好翻垦一遍，一是及时发现蛴螬之类的病虫害，二是防止泥土板结。
2. 秋植球根花卉陆续到货后，即可开始种植。球根种植前是否需要杀菌药水浸泡，看个人习惯，并非必须。
3. 南方种植郁金香可选5度球，其他有冷冬地区自然球、5度球均可。

—— Tips

能揽这瓷器活。这期间，时不时会被肥胖的蛴螬、扭曲的地蚕、极速窜行的蜈蚣吓得一跳三尺高，冷不丁再遇到几只正要冬眠的土色田鸡和蛤蟆对你咕噜咕噜翻黑眼，保不齐又要大喊大叫。

不仅如此，你得一边小心翼翼挥着锄头，一边想象这些植物的未来长势、明年的花境配置……说这是一项极其庞大又令人殚精竭虑的工程，真不为过。势单力薄加上我常常陷入思考的困境，进度会显得尤其缓慢。每年我把这件事情做完，都觉得自己又脱胎换骨了一次。

对，有时候，我也仰慕自己这种不怕苦不怕累、坚韧不拔的"变态"模样，恨不得给自己胸前别上一朵小红花。真的，从一大早起床开始，到中午就着开水啃着面包馒头，再到夜幕降临拖着两条僵硬的泥腿把自己扔进浴室，十多个小时的体力活，像极了一次苦行。奇怪的是，我似乎也没有更高的追求，唯一的信念是：我要把活快点干完！

葡萄风信子‘黑眼睛’

风信子‘蓝星’

　　我要把活快点干完，我要坐着躺着等一个妙不可言的春天。球根植物大概是最早唤醒春天的植物。早春时节，乍暖还寒，番杏花也许就着雪花从地里冒出来了，风信子随风捎来冬去春来的消息，郁金香高举酒杯是"五度球"醉人的美，洁白的洋水仙在阳光下年复一年，蓝铃花穿过幽暗岁月自由盛开……

　　醉人的春天就在不远处。来吧，我们来挖坑，埋下它！

/鲜花插在牛粪上

—— 埋冬肥，考验一个园丁理想主义情怀的时刻到了 /

（一）

西北风嗖嗖的，草叶上铺着厚厚的白霜，手指头一伸出来冻得僵直。这种休息日最正常的打开方式莫过于：吹着暖空调烤着暖炉，捧着热茶喝着咖啡，看看书泡泡剧，刷刷手机点点赞，玩玩自拍顾影自怜孤芳自赏，只有我这种先天自带劳碌属性的人，才会迎着呼呼的北风像猫拉屎一样在院子里扒拉着泥土，捣腾着一件极其耐人寻味的事情。

这真是一件耐人寻味的事情！来来来，打开我这红色的大水桶看看吧！没错没错，这不是倒人胃口之物，这是我圣洁的鱼肠，胜过一切稀世珍宝！

如果你捂着鼻子跑就见外了，你还不如一只野猫，它都抱着我腥臊十足的水桶不撒手。怎么说都是我拼了老命，三步一停、吭哧吭哧、千里迢迢、死乞白赖地从隔壁菜场要来的！这货实在太沉了，单手休想提动，双手也端不了几步，又不能放在地上拖，一个"晃"就腥红四溅。但这也难不倒我，毕竟我人狠话不多。按照小时候跑八百米的经验"按一定的节律前行"应该是保存体能的最好办法，所以我严格按照"哒-哒-哒-空、哒-哒-哒-空"地节奏猫腰前行，三步一个停顿，虔诚之致与磕等身长头无异。

没错，埋冬肥这件事情又要轰轰烈烈地开始了！

（二）

俗话说冬令进补，来年打虎；庄稼一枝花，全靠肥当家。除了把自己补成一个无所不能的彪悍园丁，我们的目标是：抵抗力强，病虫害少，苗肥花壮，叶子油亮，花朵鲜艳，抽笋抽到疯，开花开到爆。这么一说，牛粪、鸡屎、鱼肠、菜饼是不是统统在三分钟以内变得圣洁又美丽？要不然我用不着每年冒着风寒，花九牛二虎之力把三大桶恶心巴拉的鱼肠挪回家。

不仅是鱼肠，还有其他。每年差不多十一月开始我家的快递一般都会转变画风，包装又土又丑，分量又沉又重，师傅扛上来指着蛇皮袋上大大的"香米"两字都会问你在网上买米了吗？我常常露出谜之微笑，幽幽地说是屎。师傅翻翻白眼：看你人模狗样，大姑娘家家怎么说话没正经呢？要不就是笑得驴打滚，人家双十一抢衣服你抢屎啊？

屎就是黄金不是？驴粪蛋上下霜，鲜花插在牛粪上，我从小就深刻领会《小二黑结婚》里的文化精髓。成为园丁之后，我心心念念想要一点牛粪。但是我们这丰饶之地自打我出生都没见过牛啊，哪里来的粪呢？好在网购平台真是一个无所不能的物资调剂平台，我搜到了邻省一个自称蘑菇种植大户的卖家，她专门在网上兜售散装牛粪，据说这个牛粪是她家蘑菇大棚的专供，种蘑菇之类特别特别好。我想着

庄稼一枝花，全靠肥当家。

牛吃的是草，拉出来的不是牛奶也应该是牛奶味儿的牛黄金，对改善我家的混凝土花园应该是特别特别好。

天地良心这真是一个良心卖家，我跟她买了三次，后来我家用了牛粪的月季长得膘肥体壮，根部还长出了两个六寸的大白蘑菇，吓得我虎躯一震。我激动地跟同事们形容这大白蘑菇如何盖世，他们说口说无凭。于是我趁午休飞奔回家，决定拍个照片给他们瞧瞧。谁知，太阳晒了一上午，蘑菇竟然脱水瘦了一大圈，只有四寸碗大了，一点不稀奇，真是尴了个尬！从此我也不怎么买牛粪了，毕竟也不是啥牛奶味儿，要再满院子大蘑菇，我是炖汤呢还是不炖呢？

几年前我刚刚踏入园艺圈，兴致特别高昂，各种跃跃欲试。我听人们说"鸡粑粑"种花特别特别好。说者无意听者有心，我二话不说冲到菜场，跟菜场卖鸡的师傅讨鸡屎，师傅一看我像个人样，就一脸嫌弃地从鸡棚里给我铲了一马夹袋鸡屎。我感恩戴德，还特意买了一只鸡。

我兴致勃勃埋完了鸡屎，就好像完成了人生的一个壮举，两手散发着浓烈的鸡屎味，双层薄膜手套也隔不掉那个味儿，我毫不怀疑我是周扒皮转世！

三十年河东，三十年河西。要知道我小时候住在乡下，家家户户都养鸡，我最讨厌的就是满地鸡屎。这是我发誓长大要离开农村的重要原因，因为我实在不喜欢踮着脚尖走在布满鸡屎的路上，尤其一下雨，鸡屎都化开了，我都不知道该从哪里下脚，害得我做梦十有八九是在飞啊飞啊，连飞啊飞都在担心树枝一挡会不会掉进鸡屎棚。但我做梦也没想到，三十年后我竟然在玩鸡屎！

　　不过，现在想来我当时胆儿还真肥，不怕禽流感啊！好在后来菜场都不允许卖活鸡了，我也学乖了，毕竟不腐熟的鸡屎总是有风险的，据说线形虫会致植物根瘤病，鸡屎中过量的抗生素会导致泥土污染，吓得我小心肝都颤抖了，还是买点正规的发酵鸡粪保命要紧。

　　当然，也不是所有的肥料都是臭气熏人的，芝麻渣就是园丁和植物的好伴侣，闻着香喷喷的，空气草木全部是芝麻的香气，连自己都好像变成焙煎芝麻味了。

　　菜饼其实也是极其好闻的。小时候，经常看村子里的小伙子们河边垂钓或者撒网，一把一把往水里撒的就是菜饼，鱼儿闻到菜饼的香味，一个个跑来，然后被狡猾的垂钓者一网打尽。

我想植物的根，肯定也会被香气吸引，一个一个跑来，吸饱喝足，把自己养得壮壮实实，然后给我开出肥美肥美的花来。

（三）

话说，花样百出地整这么多牛粪鸡屎、猪肥鸟粪，无非是想要努力改善园土的质量。为了改善园土，我也是穷尽一切办法。首先是一脸盆一脸盆挖掉"混凝土"（建筑垃圾），锄头铁耙报废了一把又一把。别问我挖多深，我觉得躺下来把自己埋了没有什么问题。邻居老阿姨们隔着栅栏围观："小姑娘，够了够了，你要干什么啊！"我……

被我挖空的地方，后来小货车给我运来一车田园土，赤兔马给我装来二十袋蚯蚓土，物业师傅给我拖来十推车的菜园土。那些年我的画风就是这样的：脚踩高跟鞋手拿蛇皮袋，无论走到哪里见到松软的泥土就两眼放光。反正愚公移山精卫填海，为了达成目的我就这么不要形象、"不择手段"。

光有土还是不够的。我对物业师傅说，我家门前所有的落叶你都往我家栅栏里面扫，我家门前割完的草坪青草不用运走，直接推到我家院子里！这还不够，我用椰砖、泥炭、煤渣想方设法跟园土混合！这还不够，我开始有意无意地让厨房的食物坏掉，排骨啊、鸡头鸡屁股、米饭啊、豆腐干千张啊，没事就挖个坑埋了。柜子里的存放了两年没吃完的蛋白粉，最后我也倒在了月季树下。

当然这么胡作非为，必然需要承担一些后果。不久，我发现所有不完全腐烂的青草堆里、枯树叶下西瓜虫成群结队；那个没有挖坑埋下的蛋白粉在太阳下散发出浓烈的恶臭，臭飘十八里外，并且把十八里外的上百个大黄蜂吸引来了，密密麻麻扎在上面！我的娘啊！我撒腿就跑，关上门窗！

（四）

自此，我下定决心，开始科学沤肥。

我买了一堆大大小小的堆肥桶，还买了一堆让人跃跃欲试的堆肥书。我一本正经开始堆肥，厨房的剩饭、水果皮，都成了堆肥的材料，但是自己家的口粮每次剩余都不多，人口又少，这样攒厨余还真不是办法。

于是，我把视线转移到了办公室，不仅自己吃剩的水果皮带回家，连同同事们的一起，什么柚子皮、橙子皮、橘子皮、苹果皮，跟捡到了宝贝似的。

为了配合堆肥，我买水果也有意识地买柚子、橘子、橙子，一直吃到看到这些水果就头皮发麻。

为了尽快装满漂亮的堆肥桶，家里的菜摘得特别干净，恨不得整棵白菜都塞进去，再不济，我就故伎重演，有意无意让冰箱里的菜变得不是特别新鲜……功夫不负有心人，很快我的堆肥桶被我填满了。

照着说明书撒发酵菌啊、红糖啊，说明书上说，堆肥会有一股柠檬清香。每天我从桶下出口接一点点柠檬味儿的汁液出来，三天两头兑水浇灌我的毛地黄，那一年我家毛地黄果然壮得不要不要的。

但不管怎么说，我还是那个身心灵洁癖症患者，那个堆肥桶想想放在家里还是不妥，碍手碍脚，就扔进了花园。但是不知道是因为室外冬天气温太低，我操作失误，还是那个EM菌有问题，堆肥的进程并没有按照说明书的提示按部就班往下走。

三个月完成一个发酵腐熟周期眼看是毫无可能了，我兴致索然，再也不愿意多看一眼。等我想起这个堆肥桶，已是第二年的夏天。我想着不管腐不腐熟，我都打算把它埋到土里了。后面的事实证明，打开这个堆肥桶是我此生最后悔的事。气味不提也罢，我用锄头生拉硬拽到了院外空地，拿水枪闭着眼喷刷，一桶的白蛆扭啊扭啊扭！从此，堆肥桶被抛到了九霄云外！

除了用专业的堆肥桶，我还用各种旧油壶堆肥，主要是兑水盛放那些歪瓜裂枣的陈年旧黄豆和榨豆浆滤出来的豆渣，用于熬制氮肥；终极祖传秘方是买鱼都不杀，带回家自己掏了鱼肠鱼鳃直接塞进空油壶，用于熬制磷肥。

话说豆类熬制的氮肥，魅力独特，说臭吗？铁定臭！问题在于你一边觉得好臭一边又觉得特别好闻，纠结得跟臭豆腐似的，让人欲罢不能。至于鱼肠熬制的磷肥，如果桶子可以溶解，还是直接整桶活埋算了，这个气味简直就是臭气界的82年拉菲，臭味醇正可以绵延地球两圈。如果你鼓足勇气坚持要用这些来施肥，尽量戴上N95口罩，不要穿毛衣，头发尽量包扎起来，这一点，一般人，我也不告诉他。反正我已经让这个祖传秘方就到我这里失传了。

毕竟油壶里面堆肥，也是一件让我后怕的事情。据说高温天的时候，堆肥的沼气会释放巨大的能量炸破瓶盖，谁在这个时候去一把旋开瓶盖，很可能被发射升天。冲这一点，我已经发誓再也不干这种勾当了。

（五）

粪海沉沉浮浮颠颠倒倒，人也跟花儿似的日趋肥美，我的施肥路线却日趋简约，弱粪三千，独取一瓢。

大抵，鱼肠用于每年冬天施于地栽月季。方法是在距离月季根部三十厘米的一圈或者两三个点，深挖三十厘米以上，当然具体还得看自己的力气和月季周边是否套种有其他植物，方便挖起的植物还是要挖起，待施完肥重新填上。每棵月季倒三分之一桶到半桶的鱼肠，除此之外还会酌情深埋发酵鸡粪或者其他颗粒有机肥、骨粉，总之氮磷钾钙十全大补。

园土保持有机，盆栽保持洁净。盆栽月季、铁线莲基本都是专用土，能换土的一年换一次土，不能换的至少布满野酢浆草的面土必须扒拉干净，月季以发酵鸡粪与骨粉为主，铁线莲则以魔肥缓释肥为主兼带草木灰。地栽的草花都以发酵鸡粪、饼肥等有机肥为主，大都用作基肥或者和泥土混合，而盆栽的草花，都以泥炭等轻质介质为主，一年一换，换下来的介质就直接倒在院子里继续改善园土，施肥则大都选择在生长季和花季前后，施用不同氮磷钾比例的液态肥。

所有的脏臭累笨都蕴育着洁净和美丽，愿每一个辛勤的园丁都能收获一个繁花似锦的春天！

　　所有的脏臭累笨都蕴育着洁净和美丽，施肥，尤其是集中埋冬肥，大概是一个园丁最具理想主义情怀的时刻。就此打住吧，否则我好为人师的本性又要暴露了！就祝我和每一个辛勤的园丁来年都收获一个繁花似锦的春天吧！

/没有受过伤的园丁
不是好园丁！
—— 关于冬季修剪的一些事

　　三九四九冰上走，小区河里的冰整日不化也没空去走走。夏练三伏冬练三九，作为一名合格的园丁，我以"永不消停"作为人生的座右铭。这会儿我一边流着鼻涕，一边在院子里忙着冬季大修剪。

　　此间修剪的对象主要是花园里两类主角型植物：月季和铁线莲。修剪大概是所有园艺活里面最凶残的一件事情。就拿月季来说，不管老枝病枝还是枯枝弱枝，甚至连太过拥挤的健康枝条都不由分说"咔咔"剪掉。尽管有一些枝条经过多年的生长比你的手指还粗，却已经毫无爆发能力，且是来年病害的主要爆发源，所以千万不能心慈手软，让位给更加健康的新枝才是明智之举，优胜劣汰是自然的法则。不管新枝还是老枝都要仔细查看杆子上的结疤和裂口，一经发现一定毫不手软，以绝茎蜂之类钻心虫的后患。

　　有舍才有得，我剪"high"了往往拦都拦不住。修剪完毕，地上的残枝和植株比例平均有望达成五五分，等到修剪这件事情完工，放眼望去，除了白色的栅栏还是白色的栅栏，原本拥挤的小院好像一下子扩大了一倍，敞亮无比。

在这场针对月季和铁线莲的年终园艺大裁中，如果你以为我们浸淫在大Boss想开谁就开谁的自我意淫中，那实在是有点冤枉。我们不仅对植物凶狠手辣，对自己其实也毫不手软。刀光剑影里，我们常常把自己推到"伤敌一千自损八百"的境地，时不时被月季的刺搞得左一声惨叫，右一声哀嚎。多年下来，我已经跟我的月季"水乳交融"，好多断刺都永久地渗进了我的凡胎肉身，指不定哪天我也能开出一两朵花来。

月季这个东西真是让人又爱又恨。讲究点的人家大概是不大会去种这种浑身有刺的东西的，但对一个热血沸腾的园丁来说不种点月季，人生和花园应该都是不完整的。在我家，像'女王'这样的月季已经算十分仁慈了，貌美干直，永不垂头，不仅皇冠掉不了，还没有很多刺，算得亲民的王室典范。'自由精神'就真的很自由散漫，还浑身密刺不好招惹，跟我家青春期的戆头少年似的。'门廊'真是貌美得倾国倾城，光棍看一眼都想立地结婚，但它浑身像只刺猬，刺又密又粗又硬，表面看似温柔似水，实则比我还冷酷无情。不过，我一不小心还是种了两棵，因为时不时会莫名其妙生出一点惺惺相惜之情。至于那个'小伊甸园'，也是貌美如花心狠手辣，幸亏种了两次它都敌不过闷湿炎夏，否则也要让我数伤痕在夜晚的灯下。

放心，自恋如我这等人，修剪月季从来就不会赤手空拳。每次修剪手套哪一次不是里三层外三层！坏就坏在我把臭美放在第一位，那些美丽又柔软的棉胶手套适合装模作样，一个疏忽刺就扎破手套直刺肌肤，这种伤害级别往往比不戴手套小心翼翼操作还要威猛好几个等级，一般我都需要龇牙咧嘴跳上好一阵子才能心绪平复继续操作。

估摸着是天生丽质难自弃，千百次锤炼也并没有让我变得皮糙肉厚百刺不侵。据说找对了园艺工具干起活来事半功倍。今年我决定转变思想，把软质的棉胶手套换成猪皮手套。硬邦邦的，一开始也没抱多大希望，谁知道呢吃了那么多猪皮冻，才知道猪皮是这么个厚脸皮的玩意儿，铜墙铁壁啊，不管是哪种月季，密集型小刺的，粗壮型大刺的，大小复合型刺的，无需任何回避，随便抓随便扯，再来它个十棵'绒球''门廊'都不在话下，如入无刺之境。我真是捶胸顿足：叫你一直臭美一直臭美，这么好用的手套怎么就没早点用上，白白耽误了我好几年的青春年华！

小贴士

1. 月季修剪注意查看枝干的裂口，凡有病虫害裂口的一直剪到杆子内部正常为止。多年的老枝条如果已经没有爆发力，也可以剪掉，养分留给更多的强壮新枝。

2. 月季通过修剪可以控制株型，一般修剪掉植株的 1/3 或者 1/2 高度或者长度，都不用心疼。一般切口在饱满节点以上 1 厘米，斜切。

3. 月季枝条横拉，有助于来年侧枝的爆发，增加花量。

Tips

我的剪子挥舞得更加肆无忌惮，尽管手套硬了点，木了点，怎么说都让我进入了修剪月季的新时代。看，满地的残枝败叶！看，我得意忘形！

但这个世界上总有一种伤害叫意外。满地残枝没有及时收走，一不留神针织运动裤跟地上的残枝密切勾搭，一个趔趄就把自己的大白腿扯出几道红口子，若残枝再使一绊子勾掉鞋子，光脚丫子踩在上面，我的妈呀，我瞬间化身"海的女儿"——"双脚好像踩在尖刀上！"

更要命的是绑枝条，那些两米多长的、粗壮的来年千朵万朵压枝低的大笋条看似令人心生欢喜，实则桀骜不驯难以对付，好不容易用绑带拉扯到合适的位置，不想手一滑一个反弹，吓得人花容失色，要不是说时迟那时快、连滚带爬倒退三步，铁定脸皮开花眼睛戳瞎，这边厢惊魂未定那边厢两腿又被满地残枝戳中，此刻别说猪皮手套，猪皮面具也成不了救世主，只有立马变成一头猪才好！

你别以为这种经历是最惨的，没有最惨只有更惨。我娇嫩的脸庞还真被刺扎满，当然那不是月季的刺。是这样的，我家院子里原来有一盆仙人掌年年开黄花，孩子的袜子不小心给吹到了仙人掌上沾满了刺，老妈说把这一盆给扔了吧碍手碍脚，我说不用，我把它放在高点的地方便是。结果我把它放在了跟我脸齐平的楼梯柱子上，没过几天我干活的时候一个转身就莫名其妙地撞在了仙人掌上，扎了一脸的刺，一丛一丛的，用手拔用针挑用胶带粘，穷尽一切办法也没把脸搞平整，一洗脸就"嗞"一下"嗞"一下地疼，好在后来仙人掌被大自然优胜劣汰掉了，我的心情也平复了。

当然跟我的左手经历比，风雨中这点痛算什么。雨季过后地砖疯长青苔，一开始我经验不足，步法缺乏应有的控制，一个打滑，差点四脚朝天，幸亏我反应机敏本能向一切可抓之物抓去。机智如我，我的左手一把稳稳钉在了拱门'大游行'的主干上。至此，花儿为什么这样红，哪个园丁心里没点那个什么数啊！

由于我的内心受到一万点暴击，这个场景一周之内反复在我梦里重现，吓得我至今为止天天看手机熬夜不肯睡去。今年这架拱门终于年久失修不堪重负倒塌了，我兴灾乐祸，把拱门两边的两棵'大游行'全部送给了邻居。

虽然修剪月季被我定义为高危工种，但是不作死一般不会死，所以各位，小心驶得万年船啊！修剪下的残枝要随时清理干净，不仅是为了避免自我伤害，那些自带病虫害的枯枝败叶应该统统捡拾干净，有必要时还可以喷施药水控制虫卵病菌，以便给来年一个更加健康和低维护的花园。

至于铁线莲的修剪，如果对自己的品类熟悉则根据各个类别各自修剪便是。当然这句话我是站着说的，保不齐现实总是会给我们出点幺蛾子。比如说好的二类轻剪三类强剪，但每每修剪三类的时候总会发现某个枝条又粗又长，且在大大超出强剪标准范围之外的部位出现了极其饱满的芽点，真叫人举棋不定。

剪还是不剪其实都不是什么大事，园艺就是靠自己去捣腾。至于我是怎么捣腾的，全看我当时跟自己说了什么话，毕竟我养铁线莲满打满算也就五六年，除了对自家几个品种的名字和类别了如指掌之外，其他经验值还有很大的提升空间。我也建议大家在了解基本原则的基础上慢慢去自我摸索。如果遇到此类情况，我跟自己说"有舍才有得"，我肯定闭着眼毫不留情按照强剪的要求一口气下去了；如果我跟自己说"有得必有失"，我就睁一眼闭一眼让它留下看个究竟。至于我今年跟自己说了哪句话，你猜？

铁线莲最难的操作估摸是给它们倒盆。因为有支架在身，三类和'铃铛'还好，反正枝条强剪不怕折腾；二类春天老枝开花，想换盆吧，怕支架上的藤蔓折断影响来年花量；想换土吧，手又伸不进去；破盆吧，塑料盆还能接受，红陶盆实在下不了手，肉痛！所以常常把自己弄得团团转，结果大都是捣鼓捣鼓换点面土、盆边塞点缓释肥草草了事，也有几个不得已年分太久，下了狠心折断无数枝条强行换土换盆的。

所以铁线莲的盆能大点就大点，省得年年折腾它，也折腾你自己。当然万一枝条出现断点，我也不会像第一次遇见那样小心翼翼绑个牙签给它们做骨折手术，而是毫不留情剪掉，因为与其将来雨过天晴花枝枯萎觉得可惜，还不如趁早给其他芽点出头的机会。

冬季集中修剪是迎接春天的一项必修课，其实平日里的小修小剪也是不能忽略的一门功课。很多人总是看着照片说，你家的花怎么没有一朵残花？好像我家的花特别偏爱我，或者跟塑料花似的永不凋谢。

其实始于颜值，终于勤奋，我每次下楼口袋里必不可少地揣着一把剪子，光棍眼里不揉沙，看到残花病叶黄叶必定立即剪掉。残花不仅拉低颜值，而且无谓地耗费养分，就拿月季而言，除非你想收集红果子，否则不及时修剪会大大影响后续的花量和花品。即便不说体恤植物，养分也都是你的前期投入，看在钱的份上你也得赶紧剪不是？除此之外，在秋天到来之前，月季和一些三类铁线莲都会进行再次修剪，以便还能在炎热的夏天之后迎来一波美丽的秋花。

园艺是一件勤劳人干的活儿，所有美丽的背后都有一个不辞劳苦的园丁。收拾完这波，我们大概可以喘口气，可以数数从地里冒出来的郁金香、洋水仙，扒开泥土偷偷看一眼铁线莲会冒出几个笋芽，然后安心地等待春天吧。

月季‘夏洛特夫人’

/ 蓝天白云，
请你来场暴风雨

—— 浇水这件小事 /

　　浇水，原本是一件不值一提的小事。养花嘛，再怎么想偷懒，怎么疏于施肥，浇水肯定是一个无可推卸的基本动作。但这件事情若赶在这个令人懒言少气浑身乏力的炎炎夏日来做，好像还真是一个心头大患。

　　邻居Shirley这几年被我带到了园艺这个坑，大别墅还没正式入住，花园已经搞得风声水起，这大热天的吃罢晚饭就奔赴新居给花浇水，精神着实可嘉。一个新手蓬勃的热情跟这夏日的气温一样蹭蹭蹭直往高处飙。

　　倒是我自己意志日渐消沉，每天吃罢晚饭，守着空调WIFI大西瓜，在沙发里越陷越深，不能自拔。想到花园里燥热难耐、蚊虫成群结队，就日日幻想：蓝天白云，快点来场暴风雨！

　　话说，园丁为这雨水也是操碎了心。春雨，怕打折花枝；梅雨，怕烂了根系；冬雨，怕伤了植株，唯独这久旱后的夏雨如甘霖。因此每每此季，对雨的渴望，日旷空前。恨不得每天一到傍晚，就来一场雷阵雨。要是哪天傍晚将雨不雨，最是揪心！浇还是不浇，这真是一个问题！

偶尔忽听头上传来隆隆的声音，心中大喜，莫非上天知我疲倦打雷下雨不成？半晌，只闻"雷鸣"不见雨至，方才醒悟，只是思雨心切，楼上阳台洗衣机工作打转而已。真是的，都不知道把洗衣机垫垫平。罢罢罢，这一磨磨唧唧天已抹黑，只能从沙发里艰难起身，提了灯，蹬了高筒雨靴（毕竟晚上出巡，总要考虑夜游生物脚边穿梭这样的场景），不情不愿到院子里折腾。

这一提灯或一打手电，飞蛾扑火的戏码就立马上演。飞虫啊，飞蛾啊，金龟子啊，大的小的，都扑面而来。要是再得罪几只正在安歇的蜻蜓，那简直是捅了马蜂窝，任凭我艺高大胆，也不堪它们绕着我的手来回骚扰。至于蚊子，光胳膊光腿的，即便高温之下对我没胃口，不咬我几口也不好意思当蚊子啊！

我也知道我这种萎靡不振的心态对一个爱好的坚持是一种伤害，所以我决定自我振奋一下，给浇水这件事情增加一点幸福感。

我最喜嗑瓜子，我觉得边浇水边嗑瓜子，那种燥热感一定会大大降低，要是哪天别人问我浇水的乐趣，我回想起来满嘴满脑应该都是瓜子的香气。于是，我把水管往地上一丢，从围兜里掏出一把瓜子，"喀啦喀啦"，一边嗑一边把瓜子壳往泥巴地里一顿乱喷！简直不敢相信，这种事后无需打扫的放纵感竟然令人如此兴奋！

不过，夏日的花园灌溉起来，时间不是一般的久，一大包瓜子磕完，口干舌燥，水却还没浇完。掐掐手指算算成本，呃呃麻木的唇齿，想着这终究不是长久之计。

于是，又生一计。边听音乐边浇水那感觉一定妙不可言，要是哪天别人问我浇水的乐趣，我回想起来应该都是我大哥李宗盛背着吉他、翻山越岭、风尘仆仆迎面而来的样子！当然，我也不知这位沧桑的大哥认不认我这个浇花的小妹？完了也别问我，为啥我家夏日的花园如此这般的蓬头垢面？毕竟这些残存的花草不整点沧桑模样哪好意思说是听李宗盛的歌长大的。

都说想要毁掉一首歌，就是把它设置成闹钟，哦不，是设置成浇花音乐。单曲循环，日复一日，所有喜欢的歌我都从泪流满面听到毫无感觉，唱片业再不整点我喜欢的新歌出来，我都快浇不下去水了！

眼看浇不下去水的时候，我又想到了另一招。前年夏天，我的右手腕和右手臂有伤在身，行动不便。想着留得青山在，不怕没水浇，自己保命要紧，顺便趁着这

摄影 / 迷雾

/ 小贴士 /

1. 冬季的重点是翻垦泥土，种植种球，埋冬肥，修剪枝条；夏季的重点是灌溉，灌溉，灌溉！

2. 大部分植物在夏天需要拼命灌溉，部分植物不耐湿热，注意排水、控制浇水，像天竺葵等请务必干透再浇，且不必日日浇水；盆栽铁线莲可以浇盆一侧，每天不同位置轮流灌溉；多肉植物请丢在一边，不要理睬。

—— Tips

个光明正大的理由逃避一段劳作甚好。于是，我请求母上大人援助。可惜，她一听辗转几趟车大老远赶来就为了给我几株既不能吃又不能用的花草浇水，一口就回绝过来："啊哟，不巧，要喂狗，邻居托付了一条狗！" 我倒吸一口凉气，瞬间，觉得这大夏天浇水也没那么热了，好生凉快啊！

去年夏天我决定出个远门躲个清净。于是又向母上大人求援。开口之前，我酝酿了好久的情绪，做足了前戏，比如先给发个红包什么的。母上特意回电话感谢我无缘无故送的红包，想来有戏，暗自窃喜。后又经过我几次三番、连哭带吼、生拉硬拽，算是在我临走前一天晚上姗姗而来。

我感恩戴德，再三跟她强调浇花原则：不干不浇，浇则浇透，花比水贵！她以半生务农经验向我保证此乃小菜一碟。

十多天后我回到家，直奔窗口：艳阳之下，院子里倒的倒，断的断，耷拉的耷拉，焦枯的焦枯，荷花缸水接近干涸，睡莲已无水可依。

慈母拍胸脯保证：一天不落，天天浇水。每天4点半浇水，5点钟收工做晚饭正好。我瞬间肃然起敬，顶着烈日浇水？这么快就完工？果然，我娘就是传说中手脚麻利之人！我还来不及倒个时差睡个安稳觉什么的，老人家就拍个屁股拎着她的家当转身走人。这一看，我就不是她亲生的，哦不，我家花草不是她亲生的。我只好硬着头皮顶着瞌睡开了水管，往院子里狠狠灌了两个多小时水。

话说，这夏天的水真不是那么好浇，分寸难以拿捏。浇多了，花耐不住高温高湿会闷死；浇少了，没有足够的水分支撑容易干死。夏天比不得春天，春天时一些草花白天打蔫晚上灌了水自然还是会妥妥地坚挺起来，要是大夏天如此这般折腾几回，怕早已是朝不保夕。即便是同样的花同样的浇水，生死还得看缘分和造化。好在，如今我也是佛系养花，我家草花多半都是自生的花苗，自灭自然也是一种死得其所的圆满，不必太过介怀。

更何况那些一年生的草花，这么热的天，活着也挺煎熬的，不如早早作了尘土，既不受苦，也不浪费更多水资源，还省了主人力气。再说，夏天要腾不出这么多空花盆，秋天怎么开始新一轮折腾呢？

至于浇水这件小事，我想想还是要与时俱进，努力赚钱，装个定时滴灌和喷淋系统减轻负担吧。想着以后翘个二郎腿，无所事事，还没那么多牢骚可发，人生估摸着也会挺寂寞的。

Part 2

为你欢喜为你忧

最喜欢，在春日的早晨，推开窗，看到一个鲜花盛放的世界，我常常因此心花怒放，激动得不知道是尖叫好还是跺脚好。

而在这之前，我也常常会被折腾得焦头烂额。比如我们会猝不及防地历经"千年极寒"、会历经百年未遇的绵长雨季、几十年未遇的烧烤模式，会有小孩搞怪，会有野猫捣乱，会有自己误伤，会有病虫毁损，会有风雨摧折，会有自我折腾。

世上只有一种英雄主义，那就是认清了真相之后，依然热爱。

感谢自己，热爱始终如一。

/ "千年极寒" 和 "速冻" 花园/

（一）

在2016年1月23日之前的冬天，气温平稳得我以为要安然度过一个暖冬了，我对春天格外充满期待。

谁也没料想，史无前例的寒潮携带着暴风雪就在那个周五早上铺天盖地地向江南袭来。天寒地冻，狂风肆虐。当晚，继上午那一场莫名其妙的突袭之后，暴风雪又趁着夜黑风高卷土重来。

室内的空气都带着敌意，爬出被窝需要勇气。今天是难得一个不上班的休息日，但我并没有像自己想象的那样睡到昏天地暗，而是早早地盯着格外白亮的窗帘听着呼呼的风声揣测着外面的光景。这种时候，朋友圈最是应景，各种天气预报、各种实时路况、各种温馨提示扑面而来。

这一次天气预报前所未有的精确，果然是-9℃，果然打我记事起，都没这么冷过。我竟然"啪"地从被窝里坐起来，套上毛衣羽绒服棉衣，没错，羽绒服加棉衣！打底裤外又加珊瑚绒裤，包上头巾，然后拿起相机直接冲到了院子里！

小区好安静，我家门前不再有人来人往，整个世界都好像进入了冬眠。我打了一个寒颤又一个寒颤。眼镜片一次一次被自己呼出的水汽蒙住，需要不停地擦拭。

阳光开始穿过栅栏，穿过草尖，穿过矾根紫酱色的叶片，冰清玉洁。我蹲着仔细寻找合适的角度，忽然有坚硬的东西顶了一下我的屁股，我下意识地跳起来！不是别的，是积着残雪的朱顶红的叶子！疑惑中伸手摸去，天啊，怎么变成了一根冰棍！我赶紧去摸紫甘蓝、去摸雏菊、去摸宫灯……所有的植物都像在冰箱的速冻层里速冻过了一样，风把它们吹成什么姿态它们就冻成了什么模样！角堇、白色玛格丽特、生菜的叶子都冻熟了，薄雪草一摸，扑簌簌掉下一串冰球；不论是花盆还是地里，泥土都是硬邦邦的；我想去搬动一下花盆，竟然发现它们都跟地面连在了一起……我顿时傻眼了，原来西伯利亚的风真的自带黑魔法，一口气把它们都吹成了冰雕！

照理我也不是个马虎的园丁。大部分的花草在这轮声势浩大的寒潮到来前，基

本都搬到了阳台。阳台上满满当当，晾衣服都得小心翼翼。红陶盆里树一样的玛格丽特菊昨天下班后也"吭哧吭哧"地搬到了楼上。剩在外面的不是没有办法搬动的就是抗寒性好的，当然也有部分是品相不佳让我用来测试耐寒性能的。唯一檐下的火祭是我昨晚判断失误，生死就差一层阳台玻璃，结果它在外面一夜，冻得皮肤吹弹可破，色如凝血。一步错难免步步错，原以为收进来暖和暖和不打紧，谁知太阳一晒，瞬间崩塌，回天无力。这棵在我家已经妖冶了三个冬天的火祭啊，现在真的只剩下祭奠了……

速速把自己从冷风里撤回家中。看阳光穿过客厅，捧一杯热茶，焐焐冻僵的双手。我这才发现，窗外高大的女贞，不停挣扎的枝条上的那些叶子全部冻成了卷曲的模样。

（二）

2月4日，不知不觉已到立春。但天气依然冷得出奇，灰蒙蒙的，没有春的迹象。

除夕已进入倒计时，人们大都没了工作的心情。我却依然在应接不暇、焦头烂额中煎熬，好不容易松懈下来，感冒又毫不费力地把我打败，昏昏沉沉浑浑噩噩了三天，咳嗽咳到肝肠寸断，腹肌自动撕裂成六块的样子。

自从种了花，这世间又多了一个牵挂。我的花园正等着我去收拾残局。两场冻雪下来，院子里一片狼藉。地里的白色玛格丽特、吊兰、长寿花、马蹄莲以及各类有意无意落在院子里的小苗全都成了腌白菜，几处开春寄予厚望的花境也遭到了毁灭性打击。

去年侥幸过冬的蓝雪花今年理所当然没有挡住寒潮的侵袭，地上部分全部冻得蔫蔫巴巴，地下部分则是生死未卜。暗藏在花园楼梯底下没有直接遭受冰雪侵袭的那些盆栽并没有因此而幸免，这么低的气温之下，头探进去依然会有一股古怪的植物化水的气息扑面而来。

栽种巧克力三叶草的瓷盆，一搬动，就发出"阔阔"的声音，接着盆边的瓷片就一块一块地掉下来……这场寒潮远比我想象的要厉害得多。

几个大混植的木箱里的地被植物纷纷凋敝，裸露出铁线莲松软的介质。野猫们开始天天来这里翻箱倒柜侵占地盘，并不惜折枝来掩盖它们的粑粑。驱赶也没什么用，

小贴士

1. 冬季盆栽如绿萝、虎皮兰等等记得控水，宁干勿湿，以防冻根烂根。
2. 蓝雪花露地栽种，根部可以用塑料膜、稻草之类防寒保暖。

Tips

它们也不怕我，还时不时跟我幽怨地对视一下，好像我们前世有相见；遇到只凶的，跑到栅栏边还回头朝我张大嘴巴"喵呜喵呜"吼一嗓子。早知道我前世就把它们相忘江湖好了，这么冷的天还把我从空调房里逼出来。我也是恶狠狠地从楼梯底下拖出包塑铁丝，排兵布阵，一根一根插在铁线莲根部周边，以示领土主权神圣不可侵犯。

阳台上百来盆植物大都还算健康，偶尔几盆雪后急急忙忙从院子里拖回来的，有回过神来的，也有回天无力的。风信子开始纷纷出土，性急的那一盆已经显现花蕾。玉米百合五个种球里，四个个子已窜得老高，剩下一个却在泥土里拱了两个月还只是微微露出一株小芽尖，估摸着是要发育不良了。地里的洋水仙倒很是给人希望，一丛丛齐崭崭的，同期的郁金香却一点动静都没有，连五度球都没有出土，性子也真是够慢的。

有几株旱金莲和直立天竺葵这几天不知道是因为缺水还是受冻，部分叶子开始卷曲，兑了点热水小心翼翼地浇去。大冷天，浇水总是战战兢兢心有余悸，浇或不浇、浇多浇少有时候很难拿捏。积累了多年的教训，冬季宁干勿湿，我也算越来越懂得分寸了。

百花还未盛开，园艺的热情差点被"千年极寒"冻成冰雕。好在，我们爱花是一万年。只是深刻体会：农人看天吃饭，对天则更加敬畏！

/ 园艺路上的捣蛋鬼 /

野猫总是毫无顾忌地趴在铁线莲花盆里晒太阳。

园艺路上，总要有那么几个捣蛋鬼，生活才会更加活色生香，有滋有味。你家娃娃把你茂盛的盆栽掰成秃子，你家猫猫打碎了你心爱的陶盆……实在这些都没遇到，那也挺寂寞的，索性自己给自己捣一顿乱吧。

（一）小捣蛋

冬至雨绵绵，过年晴天。今年过年的大部分天气果然都是好得不得了。太阳当空，气温回暖，球根出土，月季发芽，角堇绽放，心情也跟着快乐得不得了。

今天是二十四节气里的雨水，果然是阴阴冷冷雨将至的光景。工作恢复如常，小朋友又成了留守儿童。

留守儿童在家也没闲着，每天都会给我惊喜。厨房里捣腾得黏黏腻腻，从灶台到餐桌，杯盘狼藉，沙发凌乱，茶几杂货堆成山……我心目中的样板人家瞬间崩塌，好在他把自己喂饱了。

当然让人嚎叫的远不止这些。跑到阳台，矮牵牛壁挂盆里硬生生被挖掉了小半盆土，留守儿童却淡淡回应："试试仓鼠打洞呗。"好吧，我确定那不是小仓鼠，一定是只土拨鼠！

客厅的花瓶、窗外高阁上千年不动的风灯拖到了花丛里。小朋友漫不经心："哦，我让仓鼠试试住在风灯里。"好吧，仓鼠想要飞屋旅行，我能肯定！

橙天使和玛格丽特被折断了好几个枝条，小朋友翻翻白眼见怪不怪相当诚实："哦，不止折断这两棵哦，你把阳台堆得满满当当，我转个身不是碰到这棵就只能碰到那棵！"好吧，我承认，与满阳台的植物和谐相处需要一些技巧。

"那么，你要不要再去花园看看啊？"他说得笑眯眯的，听起来神秘秘的，感觉却让人惴惴不安的。

下楼粗粗巡视，风平浪静，松了口气，蹲下来细细拨弄我的花草。伸手之处，忽然惊现一条细绳，顺绳而下吊着一块黏腻之物，估摸着是一颗将化未化的柠檬糖。再一搜寻，越发不可收拾，植物上、泥土里左一个麻绳系着个鸡翅骨、右一个麻绳捆着个鹌鹑松花蛋。当我看到正在或者将要出土的郁金香，而在芽头边上随意埋挖的野蛮行径后忍不住尖叫。小朋友也尖叫："啊，我的陷阱，我的诱饵！我明明在这里埋了两个鸡翅膀，怎么就只剩一个了呢？一定有谁来过了？一定是野猫来过了！"

此刻，我觉得我那顺直的长发顿时改变了生长的方向，直指碧空蓝天。小朋友却以未来哲学家的姿态洋洋自得："妈妈，开心是一天，不开心也是一天，聪明的人知道怎么对待哦！……妈妈，你看我是不是很有哲学的脑袋！"

我对他咆哮："今天，你妈我就是不聪明了，还不快将功补过！"他大呼小叫作声作势连滚带爬去厨房洗碗……我咬牙切齿对着空气飞起我的短粗腿，冲着他远去的屁股的方向，踢了两脚！

（二）谁捣乱？

经验告诉我，我家的花期总是要比邻居家慢一拍，所以当邻居家花枝招展的时候，我也不用着急，因为我家的花期也快要铺天盖地地来了。但今年，我家的节奏似乎慢了不止一拍，而是一个小节。

邻居放过暖房的盆栽郁金香齐崭崭在冷风中摇曳的时候，我家的纯露地栽培的才刚刚从土里冒出一点点芽头。要不是我手贱扒拉扒拉削掉了几个郁金香叶芽的尖头，估摸着出土还要熬几天。我跟自己说，安分一点，管好自己的手，春天会来的！

话说，我也算是有耐心的人了，也算是个老手了，但是有时候也会觉得等待是一种煎熬。十一月栽种洋水仙，算是很早很守时了。到了十二月没动静，正常；到

摄影 / 王振宇

大花葱'球王'，令人又爱又恨。

了一月没动静也能接受；眼看到了开春，人家晚种的都要开始打花苞了，我家还是毫无动静。你说心里打鼓不打鼓？

是埋深了？园土太粘重了？雨水太多，沉到底下烂光了？"我也并没有那么着急，我知道它们迟早都会出来，迟早会给我一个春天。"我忽然对这种自我催眠开始不自信了，难不成我把洋水仙埋进了大海？我拿着小铲子在院子里徘徊了一次又一次，恨不得掘地三尺看看底下到底是什么动静？好像新手似的。这一挖，不打紧，谁知，洋水仙新芽离地面只差了半个厘米，咔嚓，半个脑袋削掉！于是，我深刻领悟了马爸爸说那句话：今天很难过，明天很难过，后天很美好，结果都死在了明天晚上！不给自己出点幺蛾子，人生实在不甘心！耳朵啊，长点心呐！

于是，我长了点心，这大花葱就是我心头长出来的肉。因为它实在太贵了，真是我这辈子见过的最贵的"洋葱头"。除了铁线莲，这是我买过的单株性价比最贵的植物了。每次购买一个"洋葱头"少说也要38元，因为雨季作怪，去年三个球毁损了两个。作为一个自给自足的小气婆园丁，心碎得一瓣一瓣的，发誓再也不种了。但一到球根种植季，发过的誓早就过期了，心想反正我买了也不会吃不起饭，我不买也发不了财，所以死性不改咬牙买了一堆。

如今，两个芽头发得都很壮硕。去年余留的等着复花的那个是第一个从土里钻出来的，但看着和新栽培的那两个还是有很大区别的，走样得厉害。为了防止野猫侵害，我在大花葱的边上也布满了梅花阵，插满了包塑铁丝。

问题是，剩下的那一个"洋葱头"去哪儿了？我尝试过扒土，但扒到一半又收手。

毕竟，我开始长点心了不是。我耐着性子等了一天又一天，等得边上的百合都刷刷地冒芽了，等得郁金香都开花了，这边的泥土还是一点儿被拱起来的迹象都没有。

如果你觉得耐心等待是一种正确的选择，似乎我又错了。幸亏天气一放晴，我又开始挥舞我的小铲子寻找人生激情。我猜度"洋葱头"可能出土的位置，顺土而下。泥土是园土混着泥炭，十分松软，扒着扒着，铲尖似乎触到了什么脆脆的平稳的东西，凑近一看怎么好像有很多根须？我小心翼翼，手指触摸，果然是白白的鳞茎！再定睛一看，我的神仙奶奶，这个"洋葱头"竟然倒扣在泥土里！妈呀，这小铲子也顶不了事了，赶紧拖来大锄头。一锄头劈将下去，竟然削掉了边上一个饱满的像灯泡一样的百合芽苞，真是泪流满面。

挖出"洋葱头"一看，我的心都纠成一团了：原本要发出来的大芽被结结实实压在了身子底下，打了一个大大的弯儿想要重新往上钻。如果你知道这个芽弯儿有多大，就知道它曾经在地下有多挣扎。哎哟，我的心头肉哎！

但是我发誓，如果是花毛茛的种球我很可能是自己上下不分埋错方向，但是偌大一只"洋葱头"，纵使我眼睛老眼昏花、智商倒挂也不可能上下不分。小侦探过来跟我分析：妈妈，一定是野猫埋屎干的好事！我觉得也不能随随便便错怪一只野猫，至少它们更喜欢破坏我的铁线莲。

我一直觉得种球都是长脚的，会跑。因为每每都会遇到这样的事情，明明种在这边，长出来却在那边，郁金香、洋水仙、风信子还算安分点，那百合什么的尤其明显，第一年埋下的新球多半会左冲右突，非要在地下找个好位置不可。没准这"洋葱头"自己在地下自得其乐瞎翻跟头，只因体胖土重没翻回来而已。

哎，园丁真是太难了。小孩给我捣乱也算了，自己给自己添乱也罢了，一个"洋葱头"还那么调皮！

/ 小贴士 /

1. 如果你家的球根迟迟未出芽，别担心，只是它们性子慢，请你耐心等待。
2. 三月万物复苏，积极施肥促进生长。根据植物的长势从高氮复合型到高磷高钾复合型转变，每周一次，薄肥勤施。
3. 大花葱不大胜任江南的多雨天气和粘重土质，如果地栽建议抬高花床，保持土质疏松和排水良好。

Tips

/ 如果如期盛放，
请记得感恩上苍 /

　　我还开车在回家路上的时候，邻居好友彬彬就火急火燎打来电话：你快来，完蛋了，我的'F-YOUNG'（铁线莲）都蔫掉了！'F-YOUNG'是彬彬的心头好，打从进家门年年无病无灾开得铺天盖地，什么这个病那个病，彬彬脑子都没过一下，反正每年时候一到，花就自己开得铺天盖地光芒四射了，好养！

　　每次听花友说，铁线莲好养，我就会生出无限地羡慕。即便这么几年下来，我还是没有摸到铁线莲的脾气一点点。第一次碰到枯萎病，是某年的五一节，导火索可能是我自己人为头天晚上浇水过量第二天艳阳高照造成的。反正我一早出门买菜前查看了所有的花草，都精神抖擞、花枝招展。就买菜的工夫回到家，'包查德女伯爵'铁线莲整条缀满花朵的主枝瞬间耷拉，心碎得一瓣一瓣儿的。忍不住祥林嫂般碎碎念，朋友听得不耐烦了用他的黑眼珠翻了个大白眼说你以后别买菜不就成了！我觉得我有必要跟他恩断义绝。

从此以后，我养铁线莲就提心吊胆。彬彬这个傻姑娘养花向来无知无畏豪气冲云天，这次一半花苞都垂头丧气，搞得她也是垂头丧气，吓得我也是垂头丧气，赶紧回家检查自家花草。

话说我还没回到自家院子，巧玲的电话也来了，说几个月前收集的桂花树叶铺在院子不但没有腐烂熬成花肥，翻开来甲虫（鼠妇）遍地要怎么办？听得我头皮阵阵发麻。

打开手机，朋友圈一堆信息噼里啪啦说的也都是养花的不易，我瞬间觉得知己遍天下。

其实，我的一把辛酸泪还藏着掖着呢。原来以为冬天-9℃的时候呢，植物都速冻成冰雕，不该死的都死了，虫卵也该冻死了吧，今年春天该高枕无忧了吧！哪里想到，铁线莲枝叶还没发育完全，哗啦啦叶子上全是鬼画符，等不及我休息整顿，叶子和嫩芽已经被潜叶蝇搞得萎黄不振。

接着又是阴雨连绵，每次听人说春雨贵如油，我心里就犯嘀咕。自从我种花后，江南的春雨跟我一样再也不知道如何温柔，下起来连绵不绝。等忽然一天艳阳高照，铁线莲不管几年苗，总有个猝不及防蔫头耷脑的。瞬间悲从中来，前面数了一遍又一遍令你喜不自胜的花苞，全部不作数了；你想象着要开爆了的廊架啊花架啊拱门啊，又只能再憋屈一年了。这不存心严重打击我们好不容易重新升腾起来的园艺热情吗？

我跟彬彬一样，也有一棵自打"娶回家"就无病无灾开得铺天盖地的铁线莲，那就是'里昂村庄'。不过，今年四月份还没到，就毫不客气地给我来了几枝枯萎病。最要命的是'中国红'，我以为今年总算要红遍大半个中国了，结果，一半花苞蔫儿掉了。今早下楼，发现在我结痂的伤口上终于开出了四朵美丽而又忧伤的大红花，算是安慰了。

每每遇到枯萎病、阻不断的潜叶蝇红蜘蛛，我就咬牙切齿地发誓：再也不养铁线莲了，还是养月季吧！至少月季不怕水啊，江南的雨再彪悍，淹死的月季应该还没有。不过你以为月季养起来就顺风顺水那恐怕又太轻率了。

比如：某日，艳阳高照，春风吹得楼上人家晾晒的床单猎猎作响，你家的'瑞典女王''玛格丽特王妃'啊、'肯特公主''龙沙宝石'啊，连你家被你嫌弃的媒婆色的'大游行'啊，恐怕又要不太平了，你前面数过的花苞可能又要不作数了，

每一场花季，若能如期盛放，请记得感恩上苍。

你可能又得摸着你那脆弱的小心肝数伤痕了！因为不知道哪阵妖风裹挟着茎蜂大侠，把所有你期待了一个世纪的花苞杆子一个一个给你整得血色暗紫垂头丧气。你起初以为根部灌点水它会翘起来翘起来，直到等了几天它不仅翘不起来，剪开杆子已经中空，你才知道你是一个多么单纯的傻姑娘！你不得不对这只小蜜蜂敬仰如滔滔江水，挂上正黄旗！

我一直觉得月季是一种太需要你当回事的植物了。你给的肥料足，预防工作做得好，她看起来就是那么让人舒服，枝繁叶茂，碧绿发亮，数不完的花苞。要是干燥脱水、肥气不足、天气温凉，白粉病就要侵袭，几场疾雨、几次升温，湿热来时，黑斑病就要作祟。白粉病也好黑斑病也罢，不仅让视觉忍无可忍，严重起来不仅光杆，对小苗来说很可能就要致命了。

环境潮湿蜗牛成灾，天气干燥红蜘蛛爆发，天气冷冻死植物，天气暖大大小小、黑的白的灰的绿的虫子纷纷出笼……江湖如此险恶啊，愣是把我这样热爱尖叫的姑娘磨得镇定自若、艺高胆大，不仅蚜虫徒手就撸，小青虫也差点捏得我眼睛都不眨一下。

正是因为如此不易，每一场花季，若能如期盛放，请记得感恩上苍。每次注视自己的小院，总会心生对自然的敬畏，总会感恩它对我的馈赠。每一朵花草并不是随随便便开给你看的，她们经历过的风雨和挫折，远比我们想象的要多得多。善待每一种花草，甚至每一个看似敌对的生灵，从中发现它的美，也许是我们寻找和坚持的意义。

/ 茎蜂：我就喜欢你看不惯又干不掉我的样子 /

每天一早欢天喜地哼着不成调的小曲儿出门，每天傍晚推掉一切邀约，不管友谊的小船翻不翻也要在天黑前迫不及待赶回家！出入从不走正门，回家直冲小院。这大概是一个园丁在四月最常见的打开方式。

雨后天晴，春风扶摇，柳絮翻飞。连着两天兴冲冲回家，我却看到了这样的情景——月季含苞待放的花枝蔫头耷脑，一枝、两枝、三枝……一把、两把、三把……一阵心绞痛，就像晴空万里一阵暴风雨！

我知道，它又来了。或者说，它从未离开。它若隐若现，它时有时无，看不见，摸不着。你以为它走了，它却留下痕迹；你以为它在呢，这些年似乎从未见过真身，或者见了，也没有认出它来。于是，在这个人人都在唱诵的人间四月天里，我有了初冬傍晚站在北窗看萧萧落木的沮丧。

我甚至很认真地查了黄历，查了星座、生肖，连带还查了我的生辰八字，近期运程明明显示多半黄道吉日，爱情是非不显，不具备招蜂引蝶的潜质。但是很显然，我还是被狂浪的茎蜂给纠缠上了。

在这个"是爱是暖是希望"的四月，前前后后已经出没不下五六回，从'大游行'到'龙沙宝石'，从'玛格丽特王妃'到'火龙果'，从'黄金庆典'到'夏洛特女郎'，几乎无一幸免，'肯特公主'本来就不多的花苞，不得不剪掉了一半。

你以为我一直在袖手旁观吗？虽然我种花从不讲科学，全凭一腔热血，但我发誓我已经为花儿两肋插刀上了两次苏云金杆菌，升起十三面正黄旗，在花友们嗷嗷惨叫的时候，我以为我胜利的歌声已经嘹亮地回荡在我的小院上空了。但事实证明，楼上人家晾晒的床单还没来得及猎猎作响，我家的月季已经垂头丧气了。

当月季有了更多选择之后，'大游行'总是变得让人欲说还休，但不得不承认，她是如此强大，如此灿烂。

据说世间所有的相遇都是久别重逢。我到底是欠他情，还是欠了他一世的玫瑰？把我的月季都糟践成如此。我说，你是乔峰，你把我蛰成阿朱我也认了；你是茎蜂啊，大侠，你撅起屁股往我月季花苞杆子里撒卵玩阴招，算怎么回事？再看看朋友圈，江浙沪的花友们几乎在同一时间，哀嚎遍地，全部中了茎蜂的招。我也被朋友们跳着拉着，问我如何是好？

我其实也如惊弓之鸟。

那是多年前一个艳阳高照的中午，我涉（花）世未深，豪情万丈，趁同事们在办公室打呼噜的光景紧赶慢赶赶回家和我的花草谈心。我看到的场景让我从此对养花心存芥蒂——白色拱门上"是爱是暖是希望"的月季花苞三分之一彻底耷拉。慌乱中不管三七二十一，我一口气剪掉了五十个花苞，五十个啊，看官，不是五个，我的心灵受到了沉重的打击，我实在剪不下去了！提起两桶水给两盆月季的根部狠狠灌去，祈求神仙娘娘赐予我奇迹。

哀戚戚一个下午，晚上下班回家，竟然发现剧情反转，拱门上的花苞竟然个个精神抖擞！不知道是我的虔诚触发了神力还是原本仅仅是干旱脱水根本就没有遭受茎蜂的袭击？我也没有搞懂我到底有没有在这个狗血故事里失手成恨？总之，从此我成了惊弓之鸟。

好在那年拱门上的花苞有两百多个，当花期如约而至，拱门依然显得整整齐齐热热闹闹，于是所有的怨恨和纠结全都释怀。

不过，这件事的后遗症也导致了我后来在摸索的过程中，时不时操起水桶往被茎蜂蛰过的月季根部傻傻灌水，以期待神力出现。直到雨后天晴土壤湿透的情况下，花苞嫩枝依然出现萎蔫倒折，我就知道神力是不会出现了。

明枪易躲，暗箭难防。这么多年，我基本只见过月季垂头，没见过茎蜂真身。打药吧，它飞来飞去，你也灭不了它；捕虫器吧，它也没那么容易上当；黄板粘吧，你也不知道它先祸害月季还是先撞上黄板。尽管你防了又防，还是防不胜防，四月一日愚人节不出来愚弄你，四月五日清明节必然要出来捣你的鬼。反正它就喜欢我们看不惯它又灭不掉它的样子。

人多力量大，我觉得最好的对付它的方法是：我们一起在朋友圈哭死或者骂死它！

/ 小贴士 /

茎蜂一年发生一代，幼虫在蛀害茎内越冬。翌年 4 月间化蛹，柳絮盛飞期出现成虫。卵产在当年的新梢和含苞待放的花梗上，当幼虫孵化蛀入茎干后就会导致倒折、萎蔫。幼虫沿着茎干中心继续向下蛀害，直到地下部分。月季茎蜂蛀害时无排泄排出，一般均充塞在蛀空的虫道内。10 月后天气渐冷，幼虫做一薄茧在茎内越冬，其部位一般距地面 10~20 厘米。

一般在冬季修剪时，剪除有褐色斑点的枝条，集中烧毁，减少越冬幼虫的数量。防治茎蜂应掌握在成虫羽化期至幼虫孵化期。最佳防治期掌握在 4 月上中旬，喷菊酯类及苏云金杆菌类农药，或挂黄色粘虫板、捕虫器之类诱捕。

Tips

/ 总有一个时候
被自己蠢哭 /

你一定有一个时候，觉得全世界的人都傻，就自己最聪明！别不承认，你一早出门，冲锋陷阵在车水马龙的时候，你拍着方向盘就是这么咬牙切齿的。其实，我有时候也觉得自己伶牙俐齿、思想深邃不可一世，但，每每我这么飞扬跋扈充分"不要脸"的时候，报应总是来得比平时要快一些。

看吧，话音未落，我已泪流成河。

我等了一年的鸢尾花，我都不知道她是什么颜色的鸢尾花，我即将要唱歌的鸢尾花，哦不，即将要开演唱会的鸢尾花！就"咔嚓"全部断了！

知道我有多爱鸢尾吗？从我18岁登台朗诵《会唱歌的鸢尾花》一举夺魁开始，我的胸口就留下了她一圈淡淡的光轮。这丛鸢尾，去年我一直没有等到花开，我自欺欺人地安慰自己说没事没事，养花是一种修为，耐性是一种品德，细水才能长流……越说越觉得口是心非！

幸好今年早春，她用积淀了两年的力气，以成倍的速度一路高歌长势磅礴，个子三下两下直逼我的短粗腿，搞得我也是心潮澎湃，同龄人开始纷纷摸着脑袋说掉发的时候我的头顶奇迹般刷刷刷长出一堆碎发。我得意洋洋目空一切：舒婷前辈的鸢尾会唱歌，我的鸢尾可是要开演唱会的！

如果一切都朝着目标顺利前进，人生估计就要寡淡无奇了。果然，前一秒，我还在抱怨昨日疾风骤雨把这粗壮的鸢尾打得旁逸斜出，需要支架支起，后一秒支架还没找到，我鬼使神差把好好挂在拱门下的百万小铃放到她对面拥挤的小路上蹭日光，一个侧身一个下蹲，只觉屁股被硬物一戳，"咔嚓"一声脆响！我还没转头回看，就深刻地意识到人生总有那么几个时刻被自己蠢哭！

咔嚓，我等了一年的鸢尾花，就这么被自己搞断了。嗯，总有一个时刻，被自己蠢哭。

"守得云开见明月"，历经劫难的'格恩西岛'，终于在来我家的第五个年头，迎来绽放。

　　我被我那愚蠢的屁股气得嗷嗷乱叫。我家那没良心的小东西坐在阳台上翘着二郎腿嗑着瓜子幸灾乐祸看着我不淡定，挤眉弄眼哈哈大笑：幸亏不是我干的！没错，幸亏不是你干的，否则打断你的腿！

　　话说我一直对我的屁股心存不满，小时候嫌它大，长大了嫌它塌，种花之后总是嫌它碍手又碍脚，所以它总是趁我不备打击报复，坐断花草无数，还一副："你看你，就屁股大的地盘，塞得满满当当，行走都得小心翼翼，若是你自己装神弄鬼长裙飘飘下院扫荡，冷不丁保你挂在枝头花枝乱颤"。好吧，我立马自罚50个下蹲，誓以翘臀向所有被压折的花草负荆请罪。

　　但是，我发誓，我不是所有的时刻都那么粗心大意，有时候我真的很认真！我养的第一棵早花大花铁线莲'格恩西岛'，色如凝脂，清新不可方物，深得我心。几年前买回家来，一直觉得捧在手心怕掉了，含在嘴里……哦不，好像也含不进去，反正就是我的掌上明珠。作为视觉系劳动妇女，怎么能容忍把她安置在黑加仑盆里坐视不管呢，于是立马着手乔迁新居。大姑娘上轿头一回，我小心翼翼。因为担心折断枝条，连绑着的竹竿也不敢解开，傻啦吧唧连棍子带盆一起上！好嘛，稍一牵拉，最粗壮的枝条由于被绑缚毫无延展性，一下就拦腰截断了。我就这么认真地被自己蠢哭了。

好不容易换好盆，忽然一日，竟然有一枝条萎蔫，那时候我怎么知道什么枯萎病，反正我就觉得也许是太阳晒蔫儿的，剪掉便是。由于天色向晚，"咔嚓"一剪刀下去，咦，不对呀，扯来扯去怎么那个枯枝还在呢？再一看，哎呀，剪错了！我只好哪儿凉快就到哪儿哭去。好在后来各种娇嫩的新枝刷刷刷长出来后，我的心还是被默默抚慰了。

又过了一段时间，我发现又有一截枝条蔫儿了，于是我又拿出剪刀来修剪。由于天色向晚，枝条略有错综复杂，我跟自己说，这一次千万要小心，千万要小心！我说吧，我跟花草谈恋爱，果然谁认真谁就输！"咔嚓"一刀下去，老眼昏花最后剩下的一根主枝也被我阴差阳错灭掉了。

我彻底被我自己征服了。我跟自己说，没关系，强剪、强剪而已！那谁跟我说，你这不叫强剪，你完全属于"强奸"！我立马跟他翻脸。据说，世间所有的安排都是最好的安排，几年过去了，我家的'格恩西岛'截至目前还是被安排成了弱不禁风的样子。

有时候你不得不承认，我是一个目光极其长远的人，当我被红尘伤得快得红眼病的时候就在考虑来世的出路问题了，我决意来世做一头风流倜傥的公猪，天下可爱的母猪我爱谁就是谁。后来我对花热爱至极，我更改了我的理想，我渴望来世做一朵花，千娇百媚地开在你必经的路旁。

但现在我觉得这个理想还需要慎重斟酌，做一朵花，花"生"不易，一生不仅要历经严寒酷暑、风吹雨打，这个虫那个病，有时候还可能遇上一个愚笨的主人，那真是祸不单行！我说过，花儿若能如期盛放，要记得感恩上苍，当然，如果你不像我这样总是被自己蠢哭，那么你还真应该好好感谢你自己！

/ 小贴士 /

像'格恩西岛'这样的二类铁线莲，即便被强剪了，也不要着急，只要保存根部实力，耐心等待。我家的'格恩西岛'到第五年才真正爆发出它应有的实力。

Tips

/ 惨不忍睹的夏天 /

话说我跟院子里的花草一样沉寂了将近三个月，台风伴随着弱冷空气，晨起有微微的凉意，我终于假模假样地坐到了电脑前。

这期间，很多朋友跟我说过，"我想来看看你的花园！""我们全家都想来看看你的花园！""我朋友的朋友都想来看看你的花园！"莫不是这些家伙始终以为我家的花园定格在春天，枝繁叶茂花枝招展？所以，每每此时我都吓得从沙发里弹起来，披头散发冲到阳台，看看是不是有哪个不接翎子的家伙忽然从地里冒出来，扯着嗓子喊：耳朵耳朵我来看花啦！我们全家都来看花啦！

好吧，来吧来吧！我建议你提个小皮箱扮成游子模样，穿过没过膝盖的草丛，抖抖索索饱含深情摸摸那架快要坍塌的拱门，并且务必自带背景音乐：旧故里，草木深……

然后，然后我会蓬头垢面泪流满面从草丛里钻出来，并像祥林嫂一样拉着你的手叨叨：我终于明白了一个人生道理——出来混总是要还的，物极必然是要反的，整个春天倾倒下来的雨水，在夏天是需要成倍奉还的；在冬天被"千年极寒"冻过，在夏天就会被太阳烤过。事到如今啊，小院全靠狗尾巴草撑场面，草儿一拔，土地立马皲裂，即便你天天往土地缝里灌自来水都无济于事……

春天的院子，让我多看一秒，便觉得胜却人间无数；夏天的院子，让我只看一眼，便心碎得一塌糊涂。看吧，看吧！向来以主角自居的月季横七竖八却没有一片叶子的枝条，在向你们骄傲地高喊着：我活着！我活着！我活着！

二类铁线莲基本都是枯藤老树趴下。'波兰精神'和'倪欧碧'总让人觉得气温再高一度，枯叶连带着廊架就会一起熊熊燃烧。'中国红'和'华沙女神'，经过一个夏天竟然尸首无存遍寻不着。还没来得及修剪的三类铁线莲拼了命要在春季花后生出的新枝上开出一些面目全非的花朵来，一朵一朵像十字花科无精打采挂在阳光炙热的墙壁上。'里昂'顶端算是枝繁叶茂，但年年成为马蜂的村庄，吓得我拔腿就跑。

对，没错，趴满我家整个楼梯的就是大名鼎鼎、繁花满枝、花开不断的'京红九'！你不用不相信自己的眼睛，它现在就是一副脱了水的大型植物标本！楼上的大爷喊话下来：你的金银花是不是需要浇水啦？我发誓，即便我整个夏天"懒癌"发作，我也没有忘记给它浇水。在某个病快快的周六清晨，我躺在床上，灵光一现，猛然意识到，我的'京红九'病了，它才是真正得了要命的枯萎病！

我穿着睡衣披头散发冲到院子里，一把拎走了压在她根部的那盆茂盛的黄金络石，它是院子里唯一一盆还像植物的植物。我抡起锄头翻看'京红九'的根部，有几个根浮在表面，泥土湿润润的，其他也看不出个究竟。在湿润的黑土里，一条白色的蛴螬在我眼前扭动，我一翻，又一条，我再一翻，白花花还有一条……当翻到第十条的时候，我抱着胳膊忍不住在大热天里打了个寒噤。我挑出这些蠕动的活物，闭上眼，盖上锄头，狠狠一碾！我想此刻应该是浆汁爆溅，我的胃一阵抽搐！难不成往后我还得养一只鸡？来不及细细思虑，硬着头皮先往根部灌了药水，撒了杀虫剂。剩下的，听凭缘分安排。

每每恶劣天气，最觉得世事艰难的莫过于草花。它们即便躲过了-9℃，也难以挨过持续高温40℃。玛格丽特，我养过的玛格丽特菊年龄最大的是三岁，但今年年龄最高是三岁。但今年，不管它是多大的多久的、地栽的盆栽的、白花的红花的，全军覆没片甲不留。三叶草，不管是'巧克力''亚麻布'，还是'铜叶'，全部从花盆消失，也不知道还能不能在秋天给我冒出个惊喜来？养了两三年的天竺

杂草丛生的夏天，幸好还有你：三角梅'绿叶樱花'，适时开放。

葵，好不容易挨到夏末初秋，最终还是在微微的秋凉里默默地掉落身上仅剩的几片发白的叶子，与我作别。最最神奇的是多肉植物，早上出门都绿绿的，下班回来竟然整珠都变成巧克力色了！黑腐得速度快得超乎想象。淋雨死，不淋雨也死；浇水死，不浇水也死……老司机也常掉沟里。

如果一定要给夏天的小院加一个形容词，我想应该是惨不忍睹。如果一定要给夏天的"耳朵"加个定义，那应该是足不出户、肤白貌美、膀大腰身圆。

由于工作加班加点、手术恢复需要时间、手腕受伤迟迟没有恢复，所以整个夏天除了天天摸黑浇水，拔了一次草、不得已撒了一次药、捅了一次马蜂窝、弄死了一些虫子之外，仅剩的一点空余时间我都用来窝在沙发读书看片，以至于花友们再也不来跟我谈论养花种草，而是时不时让我推荐读物，这听起来好像特别的高尚。

所以，我又给自己懒癌发作的生活找到了一个美满的注解：春赏花，秋耕耘，剩下两个时节，安安分分读书补给。这么一想，我园丁的良心又安了三分！

/ 小贴士 /

夏季记得清理疯长的杂草，维持植物的养分和花园的整洁。
8月立秋至8月下旬前，记得给三类铁线莲进行一轮强剪，这样9、10月间还有一波不输于春天的秋花可以看哦！

—— Tips

曾经覆盖整个楼梯的金银花'京红九'，被蛴螬毁于一旦。

/ 虫虫，怕怕！/

（一）

自从我的初秋抑郁症被一棵新芽治愈后，我干活的劲头更足了。医生朋友告诫我：你再不听话，手腕就准备痛一辈子吧！我默默听了两天话后，又不自控地下地了。

院子里的木头拱门经过几年的风吹日晒，尤其是两侧的木箱已经破败不堪，上面"哗哗"浇水，下面"哗哗"流水，让两棵月季（总是被人诟病艳俗的'大游行'）这么勉为其难地呆下去也着实过意不去。而拱顶部分今年春天好歹换了一条横梁，勉勉强强还能维持一年。算盘珠子拨来拨去，想着直接扔掉拱门甚为可惜，毕竟姑娘的钱起早贪黑加班加点挣得也不容易！

于是，趁着某个工作日的午休，舍弃打瞌睡这等美妙之事，驱车来回五十分钟跑到园艺店，"乒零乓啷"拖回一堆盆盆罐罐，留待周末大干一场。

话说那天中午，我急不可耐拖回一车的资材，快到小区的时候我才如梦初醒：虽然民工和农妇是我的园丁日常，但今天我毕竟是一个脚蹬高跟鞋穿得花枝招展的又外加手残的白领人士（手带伤不能提重物），要在烈日炎炎之下掐着时间像民工一样把一车笨重的货物从停车场拖回家可不是一件容易的事情！

正当我纠结万分之时，物业的师傅没有早一步也没有晚一步，打我的车前经过。我觉得我前世没有拯救过地球，也一定拯救过师傅家的花草。因为师傅毫不犹豫"噔噔噔噔"来回跑了四趟帮我连盆带土全部拖回了院子……我高兴得手舞足蹈，不得不说，园艺真是一件美好的事情，总能让我遇见很多美好的人！

今天一大早起来，我抱着榔头、扳手、十字的一字的开刀兴致勃勃直冲院子。连天气都很支持我，阳光明媚得我不得不把自己整张脸都蒙起来。我敲敲打打，满心是要改头换面的愉悦。

（二）

把自己置身事外，一个人专心致志干活，我觉得是园艺里最具修行意义的那一部分。但我很快就发现，今天，修不了了！

我必须先尖叫两声。木箱的护板被我敲掉后，尽管有土工布护着，黑黑的疏松的介质还是哗啦啦四散开来。我忽然觉得眼前有白白的东西一闪，然后又是白白的东西一闪，一闪一闪，直接把我闪呆了。天！又是我的冤家，不，是仇家，蛴螬！毁坏我家庞大'京红九'金银花的仇家！

我快速扒拉泥土：'大游行'的根怎么这么不发达？怎么几乎没有了侧根？我才意识到大游行这么强健的品种这么久都没有长出一片新叶是有原因的！我把它的根一抖，根窝里掉出一颗白白的东西，再一抖又一颗白白的东西，两个箱子抖出了二十多条白胖蛴螬，还一扭一扭向我挑衅！！

所有的结局，其实早有伏笔。四五月草木繁盛时节，总有蛴螬的成虫金龟子换了一副伪善的面孔，昼伏夜出，在花草的欢场里到处扑腾，在我打着灯笼赏花之际从我的身前身后呼啸而过，吓得我一惊一乍。尽管如此，我还是以为金龟子是善良的，因为央视少儿频道的主持人也叫"金龟子"啊，她总是背个瓢虫一样金黄色的壳在电视机里跳来跳去，用可爱无比的样子和声音吸引全国千千万万的小朋友，真实的金龟子和她相差那么大，我还是喜欢它！小时候，奶奶总是抓一只金龟子系一条棉线供我逗乐，长大了人们喜笑颜开地说钓到了一个金龟婿，我想到的都是这只被奶奶系过棉线的金龟子。我喜欢一样东西，讨厌一样东西，从来不讲科学，只讲文艺。我几十年的文艺经验哪里知道金龟子们在我的院子里撒欢作甚，我哪里知道这只白色的胖虫子就是金龟子的前生？！

没有这个夏天和秋天，我哪里知道要为我的无知和对金龟子的无限放任买单！想到我家那些大型红陶盆里，想到我一脸盆一脸盆更换的满院的松软的泥土里，都有可能沾染了这一货色时，我的抑郁症瞬间就复发了！

与虫斗，我偃旗息鼓。每一次搬动一个花盆，蚂蚁成群结队，马陆成堆，蛴螬排队，鼻涕虫粘腻，它们不死，花肯定死的心都有。种花这么多年，最不堪的就是这一面。

姑娘，你真想有个大院子吗？你真想种满花草吗？你再看看那些秋天的月季吧，要么光杆了，要么叶子背面都是刺毛虫，密密麻麻，背上都带着挑衅的红丝边，一不小心就刺得你浑身起大包。白粉虱循着月季枝条乱扑，蚱蜢在菊花丛里乱跳，各种妖蛾子扑来扑去产卵，随便拨开哪丛植物，都会有一条青花虫子猛地吓你一跳！那些可以炒好几盘的蜗牛壳，不知道是真死了还是诈尸等待满血复活，鼻涕虫爬得到处都是银光闪闪……毫无疑问，园艺就是一分耕耘一分收获，夏天三个月的放任，现在让我总想弃园而逃。

不过自家的摊子，再烂也得硬着头皮上。话说，蛴螬这玩意儿抓着抓着，我的干劲就偏离了正确的指导思想。我断定月季盆隔壁的那盆大型舞春花，那松软的泥炭里肯定窝藏了无数的敌害。果不其然，倾盆泄土，我瞬间惊呆：一条，两条，三条，四条……随着蛴螬条数的增加，我的心灵也随之出现了微妙的畸变。数到十八条的时候，我有了一种通关练级般的快乐，我还自忖能不能再多找出两条来，那种痛恨夹杂着痛快的感觉让人莫名地兴奋。

我向来心慈手软，总觉得养花的初衷是让环境变得更加美好，是让自己和自然更加接近，尽可能选择环保的手段，但若是把我逼急了，我也是会跺脚的。看着这堆胖嘟嘟的大白虫子，我恨不得穿越回童年，从童年的菜地边捉几只啄菜叶子的母鸡回来。它们一扭一扭遁逃的速度超乎想象，只好把它们踩在脚底，我能感觉到它们Q弹的肉身，用力下脚，"啵"的一声，毫不含糊！

（三）

我为自己这种沉着冷酷的杀气感到不寒而栗，头皮发麻。但我以全世界锥子脸的花友作证，我也是娇滴滴的软妹出生。

那也是一年秋高气爽，院子其实并没现在这么繁盛，除了杂草多半还是杂草。我在院子里耕作，眼花缭乱中手指忽触柔软之物，身体立刻弹跳起来，慌乱中瞥见一身姿绵长满身花斑的土色之物，没敢正眼细瞧，管它呢，先凄厉惨叫再说，扔掉镰刀拔腿就跑，跑到楼上嚎啕大哭，好像全世界欠我一个依靠！

我向来杯弓蛇影，这不能怪我！我从小生活在乡下，我觉得乡下什么都好，就是有蛇和鸡屎不好。在我很小的时候，我那两个时髦的堂姐各有一双走路"咯噔咯噔"的、酱紫色带跟丁字皮鞋，我羡慕得要命，她们也不体谅我一下，哪怕让我套一下在原地打个圈也是好的，但她们也宝贝得要命，直到她们把皮鞋穿坏扔在家门前的洗衣板底下，我才好不容逮到一个偷穿的机会。可当我弯腰伸手去捡这双鞋子的时候，天知道我经历了什么！一条胳膊粗的青黄色大花蛇从我的眼前蜿蜒而过，我尖叫着哭喊着在空无一人的晒谷场上死命奔跑，等我的邻居八娘娘赶来，我早已魂飞魄散。

而二十多年后的这一日，犹如旧梦重现，我哭了整整一支烟的工夫。忽又觉得好生没劲，没人给我拥抱没人让我撒娇，我的邻居神仙八娘娘也没有及时穿越而来。揣测总是比真实更让人慌慌不安，于是，我又想回去看个究竟。我支了一条废旧的晾衣杆子，战战兢兢地回到事发地点，小心翼翼地准备随时拔腿再跑！奇怪！怎么是一条褐色花斑的大虫子呢？！身材怎么也没那么绵长了呢？莫非，刚才它正伸长了身子在做瑜伽，明明觉得是一条小蛇来着！

你若盛开，蝴蝶自来。咳咳，这很诗意，也要警惕：虫宝宝不久就要现身了！

一下雨，蜗牛约好了似的全从地里涌上来。别以为它们长得挺可爱，毁起花草来一点不嘴软。

往后的几年，我依然杯弓蛇影，每次看到泥土里夹带的灰白色的蛇皮袋废料，我的心依然会一阵狂跳，以为蛇神出鬼没来此更衣蜕皮了！

一念起，一念灭，不管我心中有多少个千千结，这些都只是在我的内心波澜壮阔，是不对人说起的秘密。直到有一天，连着两个邻居在赏过我家的花草后，幽幽地问了一个问题："你家花草这么密，有蛇吗？我家院子里经常出现！"我结结巴巴犹犹豫豫，只管摇头。我对自然总有敬畏之意，一些事一旦被点破，就好像哪里开了一道看不见的口子，堵也堵不住。自此，我有了不好的预感。

2015年9月25日，果然，成了我作为园丁以来最难忘的日子。全世界最勤快的我搬动了一个放置在院子外面的大花盆，搬起花盆的刹那，我第一秒是石化，接着是凄厉绝望的尖叫，我敢打赌，物业的第一个保安是被我的叫声吓跑的！

一条黑红花纹的蛇正在刚搬起的花盆下盘圈打坐！我像一个守卫边疆又手无寸铁的小战士，哭着喊着，绝不能让蛇跑到我家院子来！保安队长闻讯赶来请它出了小区，我才发现我嗓子都喊哑了，后背都湿透了！显然，这一正面交锋，我从气势上赢得了最终的胜利！

很多人都说要搬家来做我的邻居，觉得做我的邻居妙不可言。实际上，做我的邻居常常被我的尖叫搞得失魂落魄。第一次突然触到楼梯凌霄花上手指粗的大胖青虫，我也是尖叫着哭喊着冲进家门，把孩子和老妈都吓得魂飞魄散；当一条从花园溜进家门的壁虎在我哼着小调拉开窗帘的刹那落到我的背上时，我也是尖叫着哭喊着满屋子乱窜……

眼看我想要放一把火烧掉整个院子、弃家而去的时候，我及时对自己进行了深刻的批评教育。我觉得身为母亲在孩子面前这么大呼小叫实在不妥。还有，我坚决不能像乡下的大人一样吓唬孩子，总是说壁虎要趁人不备钻进人的耳朵，搞得我到现在都信以为真。所以，第二次遇见大胖虫子的时候，我只"啊"了一声；第三次遇见大胖虫子的时候，我一声不吭拿起剪子连带叶子，一块儿把它们扔进了小区的垃圾桶。如今成群结队的壁虎在花间随意穿梭，我都已经熟视无睹了。

天真烂漫的花友总是羡慕我的花团锦簇，现实主义的花友总会问我这样的问题：你家蚊子多吗？看过以上的文字，你一定知道，蚊子这事对我真算不得什么。我想说，整个夏天我斗胆连蚊帐都没有支过，也已安然度过（但此话既出，难保今晚蚊子不会来找我秋后算账）！

有植物，难免有蚊虫，尤其是多年养成的自然型院子，自然有它自己的生态。园艺的目的不是互相伤害，而是达到一个相对的平衡。时间久了，慢慢就会能体会"共生共存"才是自然的相处之道。至于蛴螬这摧枯拉朽的黑暗使者暂时找不到制约它的对手，能灭还是灭了吧。

╱ 小贴士 ╱

1. 春天晚上如果经常有金龟子飞来飞去，请务必在7月之前对大型盆栽植物进行重点盘查和防治。比如金银花的根部对蛴螬诱惑力极强，可在其根部撒蛴螬防治专用药粉。
2. 尽量不用农药，实在要用，请按计量正确使用低毒农药；杜绝使用对土壤严重损害的剧毒农药，做环保园艺人。

Tips

摄影 / 迷雾

无论园艺还是生活，都有它的另一面。接纳它的全部，才更能享受它的美好。

/ 如果一个园丁要远行 /

摄影 / 徐岩

园艺路上，有你甚好。走吧，一边
种花一边浪！

朋友跟我抱怨：我原本四海为家，无牵无挂。自从跟你养了花，寸步难行，一出门就想着要回家！

朋友原本属风风火火豪情万丈之人，没想到一入花海成"痴汉"。对花的热情，让我始料未及。差不多到了"含在嘴里怕化了，捧在手上怕摔了"的地步，反正我是甘拜下风。话说有一次，不知道她养了个什么花，白天开放，晚上收起。但是她每天早出晚归，看不到花开。于是，早上出门直接把花抱走，带着上班。

冬天家里日照不好，她怕花草缺乏日照，于是又想出一招：把一些花草轮番放到自己的车上，车子白天停在太阳下，形成一个天然暖棚……反正为了照顾花草，无所不用其极。

以前她爱四处游玩，种花两年几乎不怎么出门。她说：春天花开太美，舍不得出门！夏天花草难熬，浇水第一！秋天秋播不能出门！冬天，准备春天，不能出门！所以，种花前她满世界跑得像只白脚野猫，养花后她收心养性，乖得像只小奶猫。

也是，养花之后，出门，还真是件让人头疼的事。尤其是春天，院子美得要命，要不是为了赚钱种花，上个班都觉得是多余的，只想守着院子寸步不离。花草的美转瞬即逝，出门一天世界完全不同，而且今年错过明年未必旧景重现。一年等一回，哪里还敢随便出远门？

但是世界那么大，又那么美，我想要去走四方！于是乎，网络上一大票花友为我操碎了心：你走了花怎么办？！你走了花怎么办？你走了花怎么办？讨厌死了，哪壶不开提哪壶！养个花我还不能走了？管他呢，我强行就走！

五月底，杭州出了三天差，临走交代娃务必替我浇水一次，哪怕一次都行，尤其务必照看一下楼梯平台的绣球花！娃拍着胸脯说：认识，认识！

从踏进车子的那一刻，我就开始祈祷下雨！说来巧也不巧，想着5月天，出差三日，也不是什么大问题，毕竟不是三伏天，毕竟出门前我狠狠灌透了整个院子。谁知求了三天雨却艳阳高照，还一下子来了个30℃以上，热得我只想穿夏装。回到家一看，楼梯平台缀满花朵的'万花镜'绣球，直接成了褐色的标本，简直不敢相信自己的眼睛！气得我捶胸顿足，恨不得把娃一顿胖揍！果然，违背众人意愿，强行出门，太过嚣张。

读万卷书，行万里路。我还是想要浪里个浪。怎么办？

跑青海前，我有点忧心忡忡。我天生不求人，向人开口帮忙总是难以启齿。于是，在QQ上小心试探。果然，花哥看到我QQ的签名，立马豪情万丈地说：放心滚吧，你的花草死不掉！那是七月底八月初的光景，嘉兴忽遇百年未遇的高温，天天40℃以上。花哥穿越半个城市的距离几乎天天起早贪黑披星戴月跑来帮我灌溉，顺便拍照片报告后方军情。怎奈天气太过炎热，回来天竺葵倒下一片。邻居问我，那个在你家院子浇花的人是谁？我开玩笑说是我请来的花工。她认真地问我多少钱一个小时？我立即禀告花哥，我给他开拓了一项新业务。

有一年三月，我决定趁此身未老去尼泊尔布恩山（Poon Hill）小环线遛个弯。每次出门邻居好友彬彬都自告奋勇照顾我的花草，怎奈偏偏这个时段她还需奔赴云南出差。我只好在朋友圈里故伎重演。老朋友小马哥对我的反复矫情应该是忍无可忍，放话过来：花草哪那么娇贵，等你回来没准子子孙孙都有了，放心滚吧！看在他会养花会做饭会摄影、会一个人骑着破摩托车一路从成都经西藏浪到尼泊尔的份上，我又心安理得地滚了。回来，果然一个蓬勃的春天等着我！

去年夏天，大病之后我决定去普罗旺斯看个薰衣草，完成一下此生未完成系列。于是，软硬兼施、死乞白赖请我妈来托管一下我的花花草草，毕竟总麻烦别人也不大好意思。我再三交代：花比水贵，浇则浇透。我妈每天下午四点半就顶着烈日给我浇花，每天30分钟草草了事。等我回来，倒的倒，烂的烂，干枯的干枯，惨不忍睹。果然，亲生的都靠不住！今年出门前，她提前跟我诉苦："上点班真是太忙了，一步都走不开！"都领养老金的老母亲啥时候"不可或缺"了，吓得我口都不敢开。

今年夏天，筹备了很久，我决定去云南昭通彝良山区支教。走前，我对花园做了适度的清理，还临时安上了滴灌，给部分花草解决了浇水问题。同时，对物业师傅打了招呼，如果方便帮我稍加照看。抱着盆栽必死、秋天重来的决心，一切听天由命的态度，轻松出发。等我回来，好像一切都有神助，十几盆天竺葵，几乎没有伤亡，简直前所未有；被旱到的三角梅'绿叶樱花'，歪打正着，第一次开得如此娇艳；大丽花例外地熬过了三伏，并且没有在灾难级的台风肆虐里倒伏烂根。我笑到眼睛都没了！莫不是，做有意义的事，老天都会奖赏你！

园艺路上有你甚好。走吧，一边种花一边浪！

/ 小贴士 /

滴灌可以把园丁从繁重的浇水工作中解脱出来，但要注意不同植物对水的需求量，要记得观察调整。

Tips

Part 3

为你身心焦煎
也为你改变

经历过身心焦煎，才知岁月浓稠。一旦踏上园艺之路，折腾就再也停不下来。但人永远不会为自己的折腾而后悔，只会为自己没折腾过而遗憾。

园艺并不是每一个时刻都很抒情，但所有关于园艺的小忧愁小悲伤，都只是园艺小确幸的一部分，比之人生的起起落落只能说是白璧微瑕，无伤大雅。每一个忧伤的姑娘，我都劝她去种一株花。

20 岁时我写下美好：我想要一座白色栅栏的花园，种满玫瑰鸢尾和迷迭香，满阶落叶和花瓣，裙裾漫过有芳香。

/择一城，造一园
我在此处，等清风拂面/

（一）

我曾经在文字里这样写道："拥有一个有着白色栅栏的玫瑰花园，一直是我的梦想。之所以想要有白色的栅栏，是因为我觉得西片里主妇的花园都是这样的。十多年前买房，楼盘里但凡三楼四楼的房子都会被争相抢购，一楼和六楼因了种种的不足虽则价格低廉却少人问津，而对实力不足且又憧憬无限的年轻人来说附带花园的一楼和带露台的顶楼才是最为'现实'的浪漫。于是，正如你看到的：我住在一楼，院子接近60平方米，且有白色的栅栏，这算不算浪漫？"

如果世间所有的事情都这么得偿所愿顺风顺水，是不是会更令人愉快，人生会不会更加丰满？事实上，我并没有像预想的那样在十二年前就一往无前、势若破竹开始打造我的玫瑰花园。我往后的岁月兵荒马乱，颠沛流离，在2007年底的凛冽西风里，我带着一个五岁的男孩身背一身债务，站在这个萧瑟的小院，茫然不知所处。

省城的几个媒体诱惑我这个曾经的家庭主妇打包所有的行李，拥挤在月台的人流里。然后，一念天堂，一念地狱。"姑娘，快上车！快上车啊！"在列车员大姐焦急地催促声里，火车从我眼前缓缓启动，我的双脚似乎粘在了这个空空荡荡的月台，不能移动半步。无论好坏，这里有我的青春，有我的痕迹，有我全部美好不美好的记忆……一念间我与天堂擦肩而过，一念间我竟然眷恋在这座烟雨小城继续我炼狱般空无的人生。

（二）

往后的几年里，我在情绪的反反复复里和自己厮杀，今天我觉得我战胜了自己，前途明媚，明天我又把自己全盘否定，来路暗淡，但即便如此，我还是强烈地期待凤凰涅槃，渴望阳光照耀。

当春天来临，我看到小院里一角早年栽种却被我忽略了很久的月季竟然开满了鲜亮的花朵。我的心随着春风颤动，我有多久没有这么安静地注视一朵花？

我翻出了20岁时写下的美好：我想要一座白色栅栏的花园，种满玫瑰、鸢尾、迷迭香，满阶的落叶和花瓣，有我裙裾漫过的芬芳。其实那时候我并不知道迷迭香的模样，只知道那首听来会泪水盈眶的《斯卡堡罗集市》有过吟唱。

我心安处即是家，我瞬间接纳了我这个几欲放弃的住所，我接纳了我生活的不完美，我接纳了我痛苦的根源，我的人生豁然开朗。

我重新出发，努力工作。2012年的秋天，我的债务终于偿清。我捧着一堆可以作废的欠条，嚎啕大哭，人生终于痛快淋漓了。当我第一次严肃认真地面对一个长12米，宽大约5米，中间还被楼梯占去好大一块的一个长条小院时，竟然有点不知所措。我唯一想到的是，首先我不能每次都拿着棍子小心翼翼对着草丛一顿敲打才敢下到院子，我经历过人生大风大浪总不能平白无故被从草丛里忽然窜出来的蛇给灭了！我从我不多的工资里扣出1300元，请工人帮我沿着楼梯四周铺上了一圈红色的透水砖，我的心瞬间踏实了。而等我下一次攒到足够多的钱，我又把腐烂的白色栅栏更换了一遍。就这样，一个完全不懂章法，空有梦想的人开始了她想到哪里做到哪里的造园之路。

（三）

一边上班，一边带孩子，一边开始造园。我没有任何帮手，全凭我的两只手。我学会了看图纸，学会了拧螺丝，木箱、木头拱门、铁艺花架全部自己动手安装。

每一棵花草都亲手栽下，每一个想法都努力去实现。

渐渐地，小院终于接近了我梦想的样子。四五月间，花园成了花草的欢场，每一个繁盛的枝桠，都开着梦想的花朵。

装拱门的时候，我一个人装了拆，拆了装，倒了扶起，扶起又倒下，手上拧得都是水泡。人不够高，手不够长，力气不够大，在男人看来也许很简单的事情，我却花了成倍成倍的努力。

如果可以，我也想做娇滴滴的骄傲小公主啊！但是我没有机会！每每觉得困苦的时候，每每觉得干不动的时候，我就虔心跟我远在天堂的、最爱我的父亲寻找力量，跟最爱我的奶奶寻求护佑。我相信信仰的力量，所以那些看似不可能的事情，都被我自己一件件完成了。

当朋友们不可置信地惊叹，问我怎么做到时，我总是这么逗我的朋友："我想要有一个花园，然后我就有了一个花园。我想要一院子的沃土，然后就有了一院子的沃土。我想要很多很多的花盆，然后我就有了很多很多的花盆。我想要院子里百花齐放，然后百花就齐放了。我想要鸟儿啁啾，然后，小鸟就真的来了。"

事实上，混凝土上种玫瑰，淑女不变汉子怎么成啊？刨开20厘米浮土，余下全是灰色的混凝土，竟然还有蛇皮袋整袋整袋埋在下面，水泥吊桶、塑料薄膜、砖块、大理石碎块、一锄头下去，火星四溅。物业的人跟我解释：你家处在角落，当时急需交房验收，工人就把垃圾全部填在了你家的院子，上面临时铺上了一层草皮。我听得目瞪口呆，我知道上天又来考验我了。

在那些少得可怜的休息日，不管世事如何纷扰，我日出而作，日落而息。一个人，一双手，像愚公移山一样一脸盆一脸盆更换花园薄土层下那没完没了的建筑垃圾。之所以用脸盆，是因为我一口气只能端得起一脸盆的混凝土。而几百斤的新土，由于汽车开不进来，我又得从路口一步三歇一袋一袋挪回来。而所有的劳作都是见缝插针，我只能花种到哪里，泥土换到哪里。残酷的是，如果我挖出一袋混凝土，填进来一袋新土是远远不够的。

有人说，你为什么不请工人，你为什么不一次性把院子的泥土都更换？我想，我应该是没有足够多的钱，而更深层的原因是，尽管这只是一场和泥土触摸的体力活，于我却是一场心灵的自我瑜伽，是冥想修行，是自我沉静。我在我的世界里开始和自己和平相处。我终于找寻到我的理想国。

用力干活，大口吃饭。从此，我再也不记起什么是痛苦，什么是悲伤。我如此兴奋，我每天斗志昂扬。我像个农妇一样在园子里默默劳作：锄草、施肥、喷药、摘叶、修枝……那些睡懒觉的时间、那些逛商场的时间、那些别人午睡的时间统统省下来花在我的小花园，每一棵花草都亲手栽下，每一个想法都努力去实现。

（四）

渐渐地，小院终于接近了我梦想的样子。四五月间，花园成了花草的欢场，每一个繁盛的枝桠，都开着梦想的花朵。蝴蝶在我手心驻留，小鸟在花枝啁啾。

你若盛开，清风自来。我终于有了一个属于我的小小世界。我在这里读书、发

一份耕耘一份收获，生活应该不会亏待每一个努力的人。

呆、打瞌睡，心无杂念，看草木葳蕤，任时光流淌。 就像诗里说的："草在结它的种子，风在摇它的叶子。我们站着，什么也没说，就十分美好。"

自此，那些流过的汗水，那些腰酸和背痛，那变得粗糙的双手，那被太阳晒出的斑斑，都因为花草的繁盛，变得如此微不足道。

有人说，造一个繁花似锦的花园需要有钱有闲，看你十指不沾阳春水的样子一定是养尊处优的全职太太。我对之浅笑安然。如果经历世间沧桑，还能保留岁月的纯真，那才不枉一场凤凰涅槃的修行。我无意告诉你一个励志的故事，只是园艺总是会教会我们很多道理。一份耕耘一份收获，生活应该不会亏待每一个努力的人。

当然，园艺并不是每一个时刻都很抒情，总有蝇蝶叨扰，风雨飘摇，酷暑难当……但所有关于园艺的小忧愁小悲伤，都只是园艺小确幸的一部分，比之人生的起起落落只能说是白璧微瑕，无伤大雅。每一个忧伤的姑娘，我都劝她去种一株花。

庭前花开花落，天上云卷云舒。而我在此处，只静等清风拂面。

/ 小贴士 /

1. 如果你一开始就能专业地进行花园的设计和规划，那是最好不过，毕竟后续改造难免一动九惊。
2. 但即便一开始就精心设计的花园，不经过实践检验，你也不能确定它就是一个设计合理的花园。
3. 不断折腾是园丁的常态，请做好准备。

Tips

/上房揭瓦，就这么定了/

话说，千万不要放一个浑身都在发痒的园丁去一个横七竖八的秋日花园转悠，转着转着准出大事。这不，瞅哪儿哪儿都不顺眼，在转到三七二十一次的时候，我一拍大腿，就爽爽地做了一个决定——上房揭瓦！哦不，拆掉花墙做廊架！

哎呀妈哎！这么美的铁线莲花墙，你为啥要拆掉啊？姑娘们伸长了脖子个个义愤填膺！

深明大义的姑娘翘着兰花指则说：姐姐又闲得脸蛋疼了，不折腾死她不罢休呢，么么哒！这话倒很对。长期以来，虐是我唯一的专长，虐身虐心、虐人虐己、虐得体无完肤。来嘛，还抽皮鞭呢！

聪慧的姑娘终于恍然大悟：姐姐人老珠黄、孤单寂寞冷，终于思想觉醒想嫁人了！明摆着嘛：新！廊（郎）！架（嫁）！么么哒！

这姑娘怎么说话的？怎么的，你姐年轻的时候也算村里一枝花过尽千帆把人嫁，只不过后来生活浪头大，弱水三千不知哪里来的一小瓢，劈头盖脸，浇得姐阴沟里翻船还十年不得翻身。所以，作为一个有志（痣）的姑娘，姐从此踏上了修

改造后：这大概就是我梦想的样子。

炼侠胆忠心的不归路，现如今终于熬成了小身板一挺骨头都咔咔作响的好姑娘。这不，千嫁万嫁不如自己做个新廊架！靠谱！对，还靠墙！

　　好吧，认真点，严肃脸。事情其实这样的，最初起心动念建设院子的时候，因为财力人力都不够，我只好各种胡作非为。院子朝南向，长条形，右边与邻居栅栏相隔，左边却是小区会馆6米高的灰色大理石墙。左青龙右白虎，左高右低，本无可指摘，但这堵高墙无论是颜色还是风格都让我耿耿于怀，我唯一能够想到的美化

方法是拿植物盖掉它！我还怂恿6米高台上的邻居把植物挂下来！

有姑娘豪气冲云天："姐来个爬山虎，三下两下，给你一座绿山墙！"好吧，一来我不是安妮，二来毕竟小家庭园艺，不是废旧工厂，也不是森林小屋，尽管从小到大我都被人诟病古灵精怪，毕竟我也不是什么野生精灵，不想把院子搞得如此魔性。

我认真地觉得，我首先需要的是一个邻家小妹一样耐看的攀爬花架。以我在网上看到的前辈们的样式，我跑到市场想找一家店铺依葫芦画瓢。半天仅找到一家，我眼里放光，急问正在敲敲打打的师傅在墙壁上钉一排短小刀头和网格多少钱。老板说你确定不要柱子架子，只要刀头？我头点得跟鸡啄米似的，是的，我有墙！有墙多傲娇啊！"2000吧！"我一惊，娇嫩的小心肝一阵抽搐（放在现在，我觉得再也找不出更便宜的价格了，我当时是有多穷啊）。

回到小区一看，师傅说："这墙壁是钢挂墙！""啥意思？""不能打钉子！""啥意思啊？""你得做柱子！"我对着师傅使劲翻白眼，物业师傅跑来火上浇油："你别不信啊姑娘，你敲敲！"

改造前：那时候花也开得很好，但我还是把这堵铁线莲花墙拆了。

曾经也是花开繁茂（右下图），改造真的需要勇气，好在折腾是园丁的本性。

　　敲就敲嘛，咦，阔阔的！平地起高楼，墙壁竟然是空空的，好可怕！女文盲，也好可怕！那么，意思说2000元都不够喽，我的小心肝别说抽吧了简直要心肌梗死了，毕竟一个单亲妈妈，养娃养房养车养自己，各种开销明着暗着摆在那里，只好，灰溜溜地作罢！

　　好在这堵墙不是一整块大理巨石，怎么说每块60厘米×60厘米的石头之间还有一道道黑色的玻璃胶拼缝呢！苍蝇不叮无缝的蛋，钉子不打无缝的墙。我到网上花了216元买了6张灰溜溜的碳化木伸缩网格。经过物业的批准，在大理石拼缝里用榔头打钢钉，打一个掉一个，打一个掉一个，爽呆了！物业师傅看不下去了，霸王价50块钱，终于勉勉强强帮我撑起了六片供铁线莲攀爬的网格。如今撑了三四年，也怪难为钉子的，时不时脱落一个。

　　还没说完呢，这一区域是我家多层和隔壁高层的交接处，当初多层高层卸下的建筑垃圾一股脑儿全集中在这一角落，工人师傅拉走了一部分，余下的全填平在我家院子里了。

如果再靠我一脸盆一脸盆愚公移山，纵使我铁骨铮铮，也不如直接把我做掉更让我觉得人生比较有尊严。所以我只得退求其次、迂回前进，采用木箱和花盆堆叠的权宜之计，有花的季节，目光避重就轻，拍了照片还可以裁裁剪剪，不好看的部分还可以遮遮掩掩，到了无花的季节，那真是杂乱无章，杂草丛生，强迫症患者挖了自己眼睛的心都有。

看不顺眼却又无能为力的状态，把我那我脆弱的小心灵折磨了一年又一年。我发誓，有朝一日我勒紧裤腰也要把这影响我视觉的地方给收拾妥了。

当然，光凭看不惯的劲头，还真不能逼我把这地儿给收拾了。我是个沉迷梦想不能自拔的人。每每看到别人家的欧式别墅外带大花园，我口水往往流得像个"脑残"。话说回来，花园别墅这件小事，以我这点能力，把这个当成梦想都是扯淡。姑娘们对此很是不屑：赶紧对紧追你不舍的美国"叔叔"say"Yes"，你的梦想从此就踏上了直通车！但是，以我的铮铮铁骨，我觉得我和"叔叔"还是各霸地球一方各自做梦，世界局势比较平稳！

讲真，其实我也不怎么觊觎人家的大别墅，仔细分析下我口水的成分，应该都是关于人家门前的那个走廊！

你想：一个走廊，一把椅子，藤蔓缠绕，花枝招展，阳光正好，微风不躁，别说做梦发呆，哪怕一身尘埃，坐在廊下拍打灰尘，抖抖两腿的泥巴，也是美妙得不要不要……

没有别墅却想要个别墅的走廊！当我在横七竖八瞅哪儿哪儿都不顺眼的秋日花园转悠到三七二十一次的时候，我隐隐约约预感到这堵灰秃的高墙，是一直以来上天给我的暗示。拆花墙做廊架，就这么爽爽地决定了！九头牛也拉不回了！

/ 小贴士 /

经历懒言少语的炎夏，九月，是时候开始动工改造了。再晚，就会影响秋季种植。

Tips

/再敢上房揭瓦？
打断你的腿！/

（一）

为了坐在廊下拍打一身尘埃，抖落两腿泥巴，我终于没事找抽把自己逼上了拆天拆地的绝路。

如果你以为我这么痛快地做了一个决定，是因为我心中已有丘壑，只差一阵东风，那你真是高估了我的IQ、EQ、FQ各种Q。讲真，我向来都是小事优柔寡断，大事说干就干，从不给自己多想一秒的余地。当然，如果不是这样的话，凭我的龟毛性格恐怕啥事儿都干不成。当然，我也没干成过啥事儿！

这回我真是给自己下了个大套，看看我那一筹莫展的样子：瞧，这九棵靠墙的铁线莲怎么办？大小四丛占地起码3平方米的绣球怎么挖起来？两棵多年的南天竹'火焰'挖到哪里去？这个区域下落不明的百合球根怎么搜罗出来？三个木箱里总共600多斤的泥土挪到哪里去？手无缚鸡之力，大小一堆陶盆陶缸谁来搬？螺丝早已锈迹斑斑的旧围栏又要怎么拆下来……

要命的是，一切都是连环套，廊架不做好，绣球不能安置；铁线莲暂时寄居在草坪上，草坪不腾出来，花箱里的六百斤旧泥炭就无处堆放……想着想着，脑袋嗡嗡的都比原来大出了一倍；估算着干活需要的体力和时间，身体立马就瘦了一大圈。

考虑到我工作生活本身极其忙碌，五月自己安装桌子右手腕受伤百天未愈，六月又雪上加霜做了一场手术，右手臂不能提重物……为了改变长期以来凡事拼命的不良恶习，我决定对自己好一点，能躺着就不坐着，能放手就不抓着，能花钱就不省着。于是，我大笔一挥豪掷一百块钱请来物业的师傅帮忙。

擅长体力活的师傅们干活总是喜欢高调，他们喊劳动号子一样左一个"大小姐"右一个"大小姐"，高声嚷嚷："放下放下，别动别动，大小姐只需动嘴，无需动手！"搞得长期亲力亲为惯了的我方寸大乱、手足无措。

啊哟，别以为我真当是在做"大小姐"袖手旁观，别人干活我其实总是胆颤心惊，时不时就会听见我的尖叫：我的花！我的花！我的花！师傅们总是一边踩着我的花一边拍胸脯保证：大小姐，一百个放心，我们绝不会碰到你的花！"大小姐"真是命犯劳碌，一百个心放不下去。

话说，师傅们果然是大口吃肉的，我原本愁得不知道怎么办的力气活，两个师傅一个上午就搞定了。我忽然觉得有钱买力气真好啊，我就是翻身农奴啊，以后我保证努力工作好好赚钱，这样才可以闲着把歌唱啊！

如果每一步都进展的这么顺利，我恐怕要天天上房揭瓦了。毫无疑问，我暂时是个谦虚的人，我觉得专业的事情就应该交给专业的人去做，既然千年难得舍得花钱做廊架，就索性请人设计设计吧，更何况翻身农奴花钱请人已经尝到甜头了不是？所以，一边厢请物业师傅协助完成前期准备工作，一边厢请设计师帮我设计新廊架。

（二）

我找到了市场里看起来最品牌的园艺建材装修店，好吧讲真，带点设计的、做花园装修的也没有别家可以选择了。我把我的想法告诉了设计总监，我回想起来我们谈得应该很愉快。结果嚷着要亲自来我家的设计总监派了个手下来量尺寸。好吧，我家的活很小还确定不买他家的木材，所以不能怪人家总监大牌。

设计师看起来十分朴实憨厚，让我对自己那些虚头巴脑的想法产生了隐隐的担忧。但我还是深吸了一口气，详细地表达了我的想法，并以海量图片的形式让他对我的想法产生认知。我觉得我说得很清楚，但我拿到第一稿时，就知道他一定听得很糊涂。

我进一步将我的想法具体化，为了表达得更加明了、一语中的，我搜肠刮肚，甚至以淘宝卖家展示图、西片电影截屏图再次进行从微信到现实的深入浅出的剖析和沟通。这一次，我确定我们谈得像知己。当然这一次的结果，纯属……呃……意外伤害。

我耐着我头顶一根一根往上翘的头发，跟设计师和颜悦色地下了最后通牒：不要做任何附加设计，把我脑中日渐成型却又不确定的画面画下来让我选择和修改就OK。但，传回来的东西让一向习惯"一日三省"的我对自己的籍贯产生了严重怀疑，莫不是我来自外太空，跟人类怎么就没有办法沟通？

就这样从九月初到十月初，眼看我瞅准了的黄道吉日都黄掉了，眼看着那些临时移栽的植物都萎靡不振了，设计总监最后也不好意思地出马了，我还是没有得到自己想要的设计方案，心里憋了一万把焦虑的火。

我幡然醒悟，"大小姐"又被乖乖打回永世不得翻身的"农奴"了。他们不是我心目中的园艺设计师，他们是流水线上的生产者，这家是这么做的，那家也是这么做的，他们不关心植物，也不关心主人的情怀，他们关心的是这一单生意包工包料能赚到多少钱。痛定思痛，我这么矫情的人，怎么逃得过"自己来"的命呢？！

于是，每个午休，每一天下班，我都对着这堵光秃秃的6米高墙发呆。从卧室跑到阳台，从阳台跑回卧室，从楼上跑到楼下，又从楼下跑回楼梯，反反复复，从各个维度想象廊架可能有的模样、高度，可能带来的问题和弊端，想象着揣摩着……

这些日子，我早也想，晚也想，吃饭想，上厕所想，开车想，走路想，坐着想，躺着想，连做梦也没有懈怠过……这是我陌生的领域，我用尽了我的空间想象力，拿捏不定，左右都找不到万全之策。这也不对，那也不行，两年前噩梦一样的感觉又一次把我紧紧包围。

（三）

两年前，我一边工作一边带娃一边造了一个花枝招展的小花园，身边的姑娘对我的景仰已如我家门前的涓涓小溪水。生活原该这么现世安稳下去，要命的是，我头脑一热血一沸腾就爽爽地做了一个超出我智力、体力、能力、财力、地球吸引力范围的决定：改装我的房子！从此，上蹿下跳，上天入地。

老实说，我也没那么大胆，最初的打算其实只想改造一下异味久未解决的内卫，粉刷粉刷被孩子画得天花乱坠的墙面而已。所以，我带着孩子也只打算租三个月的单身公寓。结果，事态的发展远远超出了我的控制。不动还好，一动九惊，改了东，觉得西不和谐，改了北，觉得南不合适，原来以为的修修补补，最终变成了大动干戈。撬完了整个厨房、敲掉了次卧的高低铺、打掉了沙发背景，改造了玄关、粉刷了书房、更换了柜门、重刷了阳台……上班，带孩子，装修，伺候花草，我全身心超负荷运转，把原本如诗如歌的生活过得如癫如狂。

给自己打造一个舒适的角落，等风来。

让人疯狂的远远不止这些。装修真是一部社会人存活的百科全书，我在人世疯疯癫癫几十年，还真没癫进过这个深似海的领域。没有人容我依靠，没有人可以商讨，每一样都需要自己重新学习，每一样都得自己东奔西波，作为一个只会纸上谈兵的伪文艺份子我真是为自己的内存捉急。

我择物的要求却比择偶还多：质量过硬价格实惠、美观时尚绿色环保、五行喜忌八卦风水……城里城外所有的建材市场、家具市场、装饰品市场我跑得滚瓜烂熟，更要命的是，我看上的东西，都很贵；贵得东西我都买不起。你可以想象，每一个标准都可以把我自己折磨到崩溃。

未知和不确定，永远是这个世界上最可怕的事情。你永远不知道墙纸贴上墙壁跟你在样册上看到的效果会有多大的差距。衣服买得后悔，我可以不穿；墙纸效果不佳，如何下手撕下？瓷砖贴得后悔，你敢不敢敲掉重来？所以，从一堵墙壁到一块瓷砖，从一个水槽到一个龙头，从一个橱柜到一个拉环，从一面墙纸到一幅窗帘，从一张桌子到一个沙发……从格局到细节，事无巨细，作为一个自力更生又矫情的穷人，我的纠结病到了可以进疯人院的地步。

那些日子，我的头发大把大把的白，原来头发真的是可以愁白的。预算远远超支，工期被我无限延长。房租一个月一个月地扔在一个冰箱里都有蟑螂的鬼地方。这还不算，房东还催着我退房，要租给长租的人。孩子跟着我东一顿西一顿的度日。我待在办公室，目光呆滞，手机铃声一响我会神经质般弹起来，唯恐又是谁来跟我告知哪个环节又出了什么幺蛾子。同事说：我爸爸一个大男人装修房子到最后都搞得崩溃了，现在办公室没有其他人，姐姐你哭吧！她话还没说完，我的眼泪早已决堤……

一想到这个纠结的噩梦又出现在我的面前，我的情绪就不受控制。我为什么要折腾呢？我躺在沙发上吃吃喝喝追追电视剧不好吗？我花这点钱把自己打扮得花枝招展年轻十岁不好吗？有这点闲工夫去跟男人抛媚眼谈恋爱受尽宠爱不好吗？哪怕你命犯劳碌去刷刷马桶也比这个愉快一万倍啊！把自己搞到身心憔悴，人老十岁，有意思吗？没有样板照抄，没有地方求援，我脑海里只有一个虚头巴脑的梦想和口袋里几张捉襟见肘的钞票。说出来还没有人同情，一切都是吃饱了自找的。一想到这，我就坐在沙发上，抱着枕头哭到肝肠寸断。

不过，我这人可怕就可怕在，哭归哭，拼归拼，两条平行线相生相伴互不相影响。独立惯了的姑娘最擅长自我诱导，我以折腾房子为例，总结出人生经验：人永远不会为自己的折腾而后悔，只会为自己没折腾过而遗憾。至少我现在可以躺在大沙发上，舒舒服服地哭了，哭得多舒畅啊，哭得多有质感哪！熬过才知岁月浓稠，下个月我就可以看我坐在这里洋洋得意了，以后再也不用搞房子了，再也不用搞花园了，就剩下把自己打扮得花枝招展周游世界勾引男人了，多么美妙的下个月啊！

空想没有用，实干才是硬道理，我擦干眼泪鼻涕，直冲建材市场。什么都不懂又怎样，货比三家，我把防腐木市场又翻了个遍。A家老板说人家都用大料扎实，B家老板说你这么小的廊架用小料足矣，我一合计选中料肯定没错，既不笨重也不轻飘正正好。看吧，我那被伪文艺压制的智商很快又回来了！

经过一步步比对、工期合计，我确定了包工包料的木业商家。但很快，我的得意劲头又被打消了。我抱着一堆书和样片，摊在老板和木工师傅的面前，告诉他们我大致想要的样子。年轻的小老板连着抛出很多实际的问题：你柱子取多高，网格做多宽；刀片选哪种，刀头你要怎么做；网格是榫头还是直接钉，栏杆做木头还是铁艺，竖条还是交叉？你做斜顶你斜多少度，不露出刀头正面怎么做，四个角怎么包……我一脸懵懂，只好我把这些现实的问题重新带回来，对着墙壁继续发呆。我的人生再一次体会想破脑袋的痛苦，我隐去的那些白发又出来了。要不是下个月"月花前月下"的愿景指引着我，我真的要买块豆腐撞上去了。

又如此折腾了好几次，解决不断冒出来的细节问题。在我的焦虑症发作、眼泪再次掉下来之前，小老板说：定了吧，不改了吧！此时，我目光呆滞，脑袋空白，摇摇头又点点头。然后开车去了菜场，买了块豆腐，呃……我只想好好吃一顿，然后睡个安稳觉。

这辈子再上房揭瓦，我就打断自己的腿。当然，如果能想到往后的廊架可以那么美，我不介意现在哭得再狠一点。

我和花草谈恋爱

088

小贴士

花园设计还没有像室内设计一般普及，想找人帮你设计出一个完美的花园并不容易。花园设计不同于其他，你千万不要期待一个不懂花草又不懂你的人能给你设计出一个你梦想的花园。所以你前期走过的弯路，你摸索的经验都是财富。一个老园丁往往能成为自己花园的设计师。

Tips

/你不是在搭廊架，
你是在帮我造梦/

（一）

经历了前期不计后果地清场和焦灼不堪的方案确定后，我把大脑频率强制切向空白档，不作任何思考，不接收任何动摇我决心的意见和建议。无论世间万紫千红，我只选眼下一种。拉钩上吊三百年不许变，我的人生瞬间轻盈。

对四肢健全的人而言，最艰难的部分永远不是迈开腿走路，而是选择走哪条路。因此，实际操作的部分，对我这种热衷蛮干苦干的人而言，还是喜闻乐见的。我就是那种只要不把我囿在电脑前挖空心思绞尽脑汁，让我洗上十遍马桶都乐此不疲的人。你简直不敢相信，很多时候，我都很羡慕单位里的保洁阿姨，时不时想从文字堆里起身去帮阿姨清洁厕所。我琢磨着我喜欢园艺，很大一部分原因是我用脑厌倦，从而热爱机械劳作。

言归正传，花园经历了炎热的夏天，到了秋季，各种杂草张牙舞爪、不堪入目，因此无论是草木调整，还是硬件改造，花园都到了最不容错过的整顿佳期。如若往后，则又会影响后期的球根种植、冬肥埋放、枝条修剪等一系列园艺活计。如果这些活计没有及时完成，则会影响明年春天的花季，这是绝对不允许的。我掐指一算，十月中旬，廊架开工，事不宜迟。

（二）

随着工期逼近，原本开始吃得下睡得着的我忽然又紧张起来，一遍遍跟安静得让我发毛的建材店老板核实，生怕他们默默地就把我给遗忘了，毕竟我这么小的生意缺乏必要的存在感。老板说，知道的知道的不会忘记的。想想也是，怎么会忘记呢？我这么纠结奇葩的人，满世界都应该对我过目不忘才对。

建材店老板没忘记我的开工日期，天气却又作梗。秋雨下了一天又一天，搞得我愁肠百结，你可真得理解一个日理万机、凡事都要见缝插针的穷忙族的小悲伤：生活是环环相扣的，一环延误，满盘皆乱！

就连开工的那天早上，还有零星的小雨飘着。被我催来的师傅一边干活一边唠叨个不停："下雨没法干的，你叫我来也没用！"我一边暗自祈祷，一边看手机天气预报，并坚持给师傅洗脑。头上三尺有神灵，我相信虔诚的力量。"师傅，人家都叫我女神，请你相信我就像相信神灵一样，不会下雨的，十点开始出太阳，往后几天都是阳光灿烂！师傅，你妥妥地干！"师傅嘿嘿地笑："还女神，你这个人还是蛮有趣的！"我想着，有趣就好，只要你快点给我干活，女神经也没关系！

十点后，果然零星的雨点都没了，直到工期结束，果然老天都照应无比。从今往后，我将天气预报奉为上神，一日三拜（看）。

（三）

话说师傅胖胖的，我三分钟就看出了他胖的原因，就是肚子里憋的牢骚太多——难受（瘦）。他抱怨干活的场地太小，抱怨建材店的老板小气给钱太少，抱怨其他不相干的老板拖欠工钱人品不好……

师傅一来就说得这么辛酸，我又生出无限同情。我说："师傅啊，这么多活，你一个人干怎么行啊？你看我手臂只有你的三分之一粗，手无缚鸡之力，也帮不了你，你一个人怎么竖柱子呢？"师傅一脸江湖豪气，说："不行也得行啊！给我2300块我怎么叫工人呐？"

啊！什么？你拿那么多工钱！我大吃一惊，2300块？！还少？！建材店老板跟我说包工包料7000块（白漆除外），现在好了，2300是人工费，老板不可能赚得比木工少啊，不然他肯？那么，我的材料其实只占了一点点钱喽，我当初砍价怎么一分钱都砍不下来？小老板拉着扯着说生意难做，已经给我全世界最低价了不是吗？我还以为我长得美感动了全世界，原来是我想得美。吼吼，世界如此精明，真相如此残酷，出走半生归来，我还是如此天真！

我说："师傅，你抱怨归抱怨，你活还是要好好干的哦。"师傅说，"那当然。我干活你放心！我说的那些跟你没关系！""师傅，那么你这个活几天可以干完啊？一个礼拜？"因为建材店老板是按一个礼拜来算我工钱成本的不是吗？师傅打哈哈说："差不多吧！"

事实告诉我，差得有点多，工期四天就结束了，这其中还有两个半天他自己跑出去催债，叫了一个18岁的小鬼来帮差。据说最后建材店老板又给他涨了三百的工资才算数。世界再次教育我：有本事就是牛。不然，你自己动手做啊！

（四）

话说，我对自己的天真有时候也很无奈。在我天真的想象里，做廊架的第一步应该是竖柱子搭框架，铺地板，然后唰啦唰啦上油漆。但事实上并不是这样的。

所有的木料在做成成品前，先要全部过一遍油漆，这样才能保证靠墙看不见的

Part 3
为你身心焦煎也为你改变
091

部分也刷到油漆。油漆如果不是刷白色，建材店都是包工包料的，木油加色浆反正100多块钱成本就可以搞定全部。但我不要，我要白色！

很多年前，我做第一个休憩平台的时候，本来想咬咬牙也做个葡萄架的，但工人师傅死活不肯，说白色坚决不做：白色没有户外漆（他们不相信我能买到户外景观木漆）、没有人家做白色、白色覆盖性太差、白色油漆太难刷，油漆会眼泪一样掉下来……总之不做不做就是不做，你要做找别人做！就这样，一群人工具一拎，头也不回，潇潇洒洒就走了。

这一次，我也是找了好几家店，一开始有一家答应我了，结果临到要签单，竟然变卦说白色坚决不给做，理由同上。呀！呀！这不是玩我吗？我真是七窍生烟！最后选定的这家老板说了，只要白漆自己买，可以帮我刷，真让我感激涕零。

至于万紫千红，我为什么执着于要做白色，不仅仅是因为我有一点点的欧式情结，有一点点的身心洁癖，更多是因为我的园艺技能还远远没有达到大胆掌控色彩的能力，白色是最安全的背景色。

后来我才知道，白色油漆是我自己给自己下的套。400元一桶户外白漆，卖家说你算下面积吧。我估摸着也就40平方米吧。卖家说那两桶妥妥够了。我于是买了两桶，想着800块钱还在我的预算范围之内，咬咬牙也就挺过去了。

我根据卖家提醒，材料抛光可以节省很多油漆，便一再恐吓师傅："师傅啊，你一定要给我做细致了哦，柱子、板子啊，你一定给我抛光了哦，我有很严重的强迫症，我如果发病了，就特别难弄。"师傅嘿嘿嘿，强迫症啊，你还有强迫症啊！"对，就是神经病的一种，很容易发作的！"果然，师傅做得还算认真。柱子全部抛光，最后在刀片板子上甩了两下他手中的抛光机，跟我说这些板子真的没法抛光，你看挺光的！我看了看，勉勉强强把我的强迫症镇压了回去。

师傅开始给这些柱子板子刷漆，我才发现，我计算刷漆面积的时候，少了一半的面积，背面靠墙部分没有计算，切除的多余部分边角没有计算。师傅不管正面反面要不要截掉，总之所有原材料从里到外从头到脚，平铺在地，大刷子一挥，"刷刷刷"三下两下全刷成了白色，那爽劲看得我都忍不住跟师傅说：师傅，也让我刷两下吧！完全忘记跟他探讨：我们是不是节省一点油漆？是不是多花点工夫，反面靠墙看不见的部分分捡一下，不用这个进口白漆了，咱用普通的木油行不行？

忘了，我全忘了！我看得津津有味。师傅说："这漆不够，这么多木料肯定不够，你自己买还算好，（建材）老板总是嫌我刷漆浪费，叽叽歪歪，抠得要死，难道油漆我还自己当酒喝了不是，我总是要把木头刷到位对不对？你说得很对！师傅是在夸我大方呢，于是我又乐颠颠连夜追加了一桶白漆。啊呀妈呀，这样油漆钱不是要达到1200块了吗？我的小心肝哟！人家油漆可以包工包料在7000块以内，你却凭空多花了这么多钱，叫你做白色、做白色、做白色！

等到一切都完工后，我发现一遍油漆根本不够白，两遍起码，三遍最佳，我在追求洁白的路上不能自拔，于是又追加一桶白漆。至此，我已经无力掌控油漆的费用了。很多朋友说，你干嘛不用白色色浆调制呢，多快好省！我其实是上了贼船了，而且觉得户外白漆覆盖性会好一点，会更洁白更耐黄变一些，会更符合我理想一些，到最后骑虎难下。自己挖得坑，含着泪也要刷到底。

（五）

我只有双休两天假期，师傅慢条斯理的节奏让我很是着急。我长期受到时间的压迫，养成了什么事情都喜欢火急火燎、痛痛快快一口气完成的坏毛病。我跟师傅发出了通牒：师傅，至少需要我在场的事情，你必须在这两天里搞定，否则会影响我工作，我不可能在工作的时候跑回家里来看这个摊子的。

与其说，我是在催师傅干活，不如说我想尽快看到框架的样子，把让我内心剩余的忐忑尽快放下来。毕竟在成品出来前，我并不知道将要出现的廊架是什么效果？所以在成品出来前，无论我多么踌躇满志，我的心始终是悬着的。

廊架长5.75米，宽1.3米，共竖了8根柱子。柱子的高度、廊架顶的斜度做方案的时候是没有确定的，需要我现场看过再作判断。我是不大屈服于惯性思维的人，师傅以他走过的路吃过的盐给我建议的高度和斜度最后都被我否定了。于是，我又开始跑上跑下，楼梯、卧室、院内院外各个角度进行再三确认。这个世界就是这样，一旦什么都坚持到极致，任谁拿你都没办法。师傅说没事没事，既然花了钱就要做到满意为止。

框架搭建好后，墙壁背景这些小事显然就顺利多了。跟我想得不同的是，那些背景横条，并不是师傅一条一条直接钉上去的，而是一条一条全部计算排列好做成一个一个木框，然后安装到柱子上的。考虑到承重变形，每个木框背后的中间都加了木档。

如果我能想到廊架可以这么美,我不介意当初哭得再狠一点。

这期间，师傅就问了一句，你木条之间的空隙留多少？我蹭蹭蹭跑去拿了一个壁挂盆：这个花盆挂进去的最小间隙！师父说：好嘞！

之所以每条缝隙要塞得进挂钩做成一个灵活的背景，是因为我觉得不仅家里原有的资源要利用得起来，同时在我还不确定背景上挂哪些物品哪些盆栽来装饰的时候，留有调整的余地是最好的选择，这也是给已经被自己折磨得疯狂的脑袋一个缓冲的机会。最关键的是，这些缝隙免去了今后打钉的麻烦，这对一个有完美主义倾向又不擅长木工活的女生来说真是极好的，不是吗？

（六）

话说，开工的第二天，阳光灿烂，一大早，师傅竟然带了一个年轻小伙子来帮工。看吧，这个嘴硬的师傅，还信誓旦旦一个人干呢！不过，师傅对这个小伙子一脸嫌弃，总是不断吼他，搞得小伙子更加束手束脚，不知所措。要是我，估计早已经撂摊子走了。好在小伙子也不吱声，始终默默当他的学徒。他有时候会抬头默默看我，几次都是欲说还休的样子。我想，总不至于是我太美貌吧？

吃饭时间，师傅骑着他的摩托车跑了，久久不回来。小伙子倒是早早来了。

我问你几岁了？他说18！好嘛，师傅为了少分点工钱给别人也是拼了，叫个童工来干活。我这一问，半天都没说一句话的孩子一下好像打开了话匣子。

他大胆问我：你喜欢多肉吗，我看到你楼梯上有好多，我也喜欢多肉，不过夏天死了很多。我恍然大悟，啊，原来不是我美貌，是因为他一直想跟我说养花的事儿。

他告诉我曾经学习还不错，喜欢看书，现在也依然喜欢读书，跟我说网络文学，也跟我提及路遥的《平凡的世界》，但因为得了抑郁症不得不辍学，跟着父母在这里打工。他也曾有过不为人知的绝望，也曾尝试自我疗愈。他偶然在一篇文章里获得启示，尝试着去种一盆植物。后来发现自己的注意重心慢慢从自我转移，变成了对植物的关注，从此变得快乐！说着的时候，他两眼放光。

原来这个沉默不语的孩子，也有着如此丰富的内心世界。他从一院子凌乱的花草里一眼看到了那个可能会和他有共同语言的主人。也许，我的身上也带着向阳花般灼灼的光芒。

我想，那些话，他应该很少跟人说起，是植物这个美好的东西，让孤独的人放下防备，让平凡的灵魂得到慰藉。

我始终坚信："如果你知道去哪儿，全世界都可以为你让路"。嗯，从此，我可以在此，看四季更替，看岁月流淌。

后来的两天，每天我都没碰到师傅，而这个小孩不论是午休还是傍晚，都等着我下班回来。有一天甚至回去了又赶回来，他告诉我工期的进度，告诉我油漆按要求刷了的遍数，告诉我师傅的去向。即便有不达我要求之处，即便他真的有点笨拙，即便要求完美如我，我依然能够接受这个心中有花盛开的小帮工帮我打造我的新廊架。

热爱草木的人，多半都是善良的，心思都是细腻的，不管怎么酷，内心都有温度。我为他祝福。

（七）

在师傅"随意干活"的时候，我也不是两手插兜的人，在边上不断清理师傅制造出来的零星木头和刨花木屑。因为摊在室外的动静实在有点大，一个木料就有三四米长，所以到处招蜂引蝶。

物业的主任大姐跑来对我一顿劈头盖脸："你这么干其他人家同意了吗？你

为啥不在院子里干，你看小区被你搞得什么样子了？来来往往的人安全你怎么保证？"我是夹着尾巴低头做人，不敢多言。尽管事前我在楼道贴过告示，院子有小改造，可能会给邻居带来噪音和不便，敬请谅解云云，心下还是惴惴不安，又跑去跟楼上的住户解释，不会对他们的住房带来安全隐患和不良影响。师傅干的时候，我一直拿着扫帚和畚箕守在边上，卫生安全我全部监管着。但凡院子里能塞得下这些木料我绝对不会铺到门前的绿化带上，如果有魔法，我真想躲在暗夜里悄悄喊一声"变"，变出一个廊架来。

邻居们比我热情高涨，围观者甚众，问我到底花了多少钱？我不答，他们就追着拷问师傅。甚至晚上都有邻居打着手电来观看，搞得我躲在窗帘背后大气也不敢出。我这种一直活在象牙塔里的人真是见不得世面，晚上做梦梦见廊架被莫名投诉成违章建筑，物业大姐领着邻居扛着锄头来拆架子，吓得我嚎啕大哭。

好在世界比我担忧的要好很多，没有人投诉，没有人叫我拆架子。邻居们纷纷给我出主意，要我加盖玻璃顶，做成阳光暖房什么的，我笑而不答，至少暂时我也没有想好怎么处理这个廊架顶。

原计划让师傅用边角料给我做点鸟笼啊、花架啊，但师傅忙着催债和赚钱，匆匆给我做了几个让我哭笑不得的所谓鸟屋，拍拍屁股就走人了。我想想算了，怎么说都完工了，余生都是轻松了，这点小事往后再议。

让我觉得神奇的是，4天工期结束后的傍晚，天空竟然又开始飘起了雨。老天大概是要我明白：只要你足够执着，他也是会让步的。不是吗？

/ 小贴士 /

1. 户外用的油漆跟室内的油漆不同，刷油漆的方法也不像室内那般复杂、细腻。沙皮打过，直接上漆即可。
2. 白色景观漆，耐黄变，刷漆并不像工人师傅们抱怨的那样：像眼泪一样掉下来；相反，无需专业人士，自己刷漆都不成问题。
3. 防腐木制作围栏，一定要考虑到风吹日晒后变形的可能性，所以一定要在背后增加龙骨作支撑，这个材料和钱不能省。
4. 如果花园设计硬装上出现一些小失误，不要太紧张。这不像室内，它可以通过植物加以调整和修饰。

Tips

Part 4

读你千遍也不厌倦

每一株花草都像一个朋友。如果爱她，就要知道她的脾性，知道她的需求，知道她的优势，也知道她的弱点，知道怎么跟她相处，怎样会让她变得更好，怎样对她是一种伤害。

每一株花草都像一个朋友。有些需要你不断呵护她照顾她，有些你偶尔关照一下就足够，有些需要你给她足够的空间，有些需要你给她坚实的根基，有些需要不断修理，有些不需要太多供给……

我从来不敢在花草面前说一句妄语，惟恐她们都听进了心里。

/香奈儿！买买买！/

香奈儿！买买买！

乍一听，你是精神振奋了，还是瞬间沮丧了？

我说啊，买一个不够，三个也少，九个凑合，十二个还行，十八个正好，三十个不嫌多……

嗯，这么一听，你是不是觉得我家有矿，是不是觉得我浑身都披着铜绿？

去去去，别瞎起劲，这"香奈儿"非彼"香奈儿"，跟巴黎的"老佛爷"半毛钱关系没有，就是个郁金香球而已！

我也想穿着香奈儿、背着香奈儿、抹着香奈儿花枝招展来着。这不，孩子总是嚷嚷，妈妈，"香奈儿"的套装特别适合你，妈妈你给自己买个"香奈儿"的包包吧，谁谁谁家妈妈都是香奈儿。你说现在这小孩，哪里来那么多虚头巴脑的想法，买买买，我也就买得起个"球"！

你说这国外的花名儿，真是给跪了。就拿这些年兴盛的欧洲月季、铁线莲来说吧，我家齐聚了各路皇家成员，什么'瑞典女王''玛格丽特王妃''肯特公主''夏洛特夫人''包查德女伯爵'……都到这份上了，你说这些"上流社会"还不得配点香奈儿、迪奥这样的奢侈品啥的？所以也不能怪一株郁金香怎么叫'香奈儿'，毕竟这'香奈儿'郁金香还真的挺香的。

话说，这外国人取花名真是让人头大。你用人来命名也算了，你用动物来命名也算了，你用太阳月亮、神话传说什么来命名也算了，你还非得用一个植物来命名另一个植物，真是不知道说什么好。你说好好一个铁线莲，非要叫'苹果花'，那你叫苹果树怎么办？好好一个小葱非要叫'粉色百合'，小葱就不配拥有身份？啧啧，看不下去了。

看把我们的花友，尤其是新手折磨的。

比如一款无香亚洲百合叫'小小的吻'。如果我写这么几个字：小小的吻，好

喜欢！配上几张这款百合美丽的图片，一定有花友穷追不舍："这花叫啥名字？啥名字？啥名字？"我通常一脸无奈："那么大字，写着呢，小小的吻"。对方一脸震惊："我以为你在表达心情！"嗯，我实在没有心情可以表达。

又比如我写几个字：倪欧碧，盛开！配上这款铁线莲美艳绝伦的图片，一定会有人刨根问底："这铁线莲啥品种？啥品种？啥品种？"我一脸不耐烦："写着呢，'倪欧碧'！"对方其实是审慎又有思想的人："啊，我以为你笔误，开得这么茂盛，好牛的样子！我猜了很久的，好不容易猜出你可能写的是：牛逼，盛开！"啧啧，我像在梦里被人灌了82年的拉菲，头怎么这么晕哪！

这个郁金香也是，什么'所罗门王朝'啦，'道琼斯'啦、'纯金''白日梦''人见人爱'啦……没有想不到，只有记不住。不过，这事儿也没法追究，吐槽吐槽，好看才是硬道理。

言归正传，一开始，我总是以为郁金香这种植物，是属于大风车所在地荷兰的；后来又觉得郁金香是属于杭州太子湾公园的。有一年春天，我路过邻居家，发现她家院子栏杆吊着的花盆里栽种一堆红色的郁金香，煞是好看。我这才想到，原来这玩意儿也是可以种在寻常百姓家里的。一问，种球是她家先生荷兰出差的时候带回来的。这可不好玩了，我家可没到荷兰出差的先生。上网一打听，原来国内知得园艺卖场有得卖了！甚是欢喜。

第二年，我家院子里，也蹭蹭蹭冒出了那么几棵郁金香，尽管稀稀拉拉，没啥种植美感，但是路过的人都比我还没见过世面，逢着便尖叫说："哇，郁金香！郁金香也能种！"初当园丁，可把我得意坏了。嘘！悄悄地说，就是冬天挖个坑埋下，春天坐等花开，什么技术含量都没有。嗯，球根真的是最最适合新手栽种的植物，没有之一。

令我感到更加得意的是，路人的感叹里总不忘添加这么一句："这个郁金香颜

那时候，但凡暗色系的花都想种一遍。

色怎么这么特别,见都没见过!"这个特别的郁金香,不是别人,叫什么呢?啊哟妈呀,我怎么满脑子惦记着那个《爱丽丝梦游仙境里》的红桃皇后呢!哦,对,'夜皇后'!

真是罪过,绝无贬低'夜皇后'的意思。这款'夜皇后',到目前为止,我都觉得她是最具气质的郁金香,拥有酒红丝绒缎子般的花瓣,在阳光下极具质感。因为初涉园艺,我对反常的色彩都充满了猎奇的心理,尤其偏好暗黑色系。郁金香、花毛茛、百合,凡是这些花里有黑暗色系的,统统种一遍才罢休。只要听别人说一句:"啊,这花还有这个颜色,好特别!"我好像很暗爽的样子。

随着花龄的增加,猎奇心慢慢消退,喜欢更加轻松治愈的色调。但与其说现在懂得取舍,更喜欢从花园整体的色系风格来选择花草,不如说我年纪大了,中年少女爱粉红,歪打正着而已!二十多岁所有衣服都是黑白灰,怎么酷怎么来;过了

郁金香'香奈儿'和'白雪公主'混植

四十，姹紫嫣红，怎么嫩怎么装！我家院子的色调自然都是我现阶段钟爱的"粉白绿"，自以为心里住着一个长不大的小少女。

所以我家的郁金香必种清单变成了：'狂人诗'（粉色渐变）、'白雪公主'（白色）、'皇家珊瑚'（杏粉色）。大抵跟皇家脱不了干系。'香奈儿'不仅是每年必种，还是必种中个数越种越多的那一款。每年如果只能选一款，那么目前一定是'香奈儿'！

哪款是'香奈儿'呢？就是深粉至杏粉渐变的色彩，修长的花瓣，皇冠般的排列组合，阳光下最是光芒四射的那一款；就是每到春天，我在微博和朋友圈反反复复被大伙儿穷追讨要名字，而一到冬天种植季又忘得一干二净的那一款。

姑娘，长点儿心呐，别再年年问我了！'香奈儿'毕竟也是人家传承了百年的品牌。有花友跟我说："这不能怪我们，春天问你的事儿，到冬天怎么记得住？我们种花的人都不买奢侈品，钱全都用来种花了！"说的也是，自从种了花，街也不逛了，买衣服的钱都用来买盆买土买花买杂货了！

球必须买，赶紧行动吧！一个不够，三个也少，九个凑合，十二个还行，十八个正好，三十个不嫌多……别问为什么，听我的，没错的！

/ 小贴士 /

郁金香的几种种植方法。

1. 盆栽：密植。两加仑盆口径，建议 9~15 球。

2. 丛植：密植，参考盆栽种植方法

3. 片植：类似公园这样的话，需要高密度种植，球根需求量太大，家庭种不合适。

4. 混植：跟片植类似，但是不需要那么多种球，可以一种或者多种郁金香和草花混植，不仅效果出众，而且花期延长。

Tips

/从此，
  爱上的花都像它/

大概，这种黄绿色与白色清新无敌的组合，正好契合了我中年少女欲罢不能的灵魂。

我对拥有黄绿色花蕊、花瓣四射、洁白无瑕的小菊花，从来没有一点抵抗力。比如白色的玛格丽特、西洋滨菊、白晶菊、洋甘菊、白色万寿菊等等，都爱到不可救药，哪怕费尽周折跑到山野也不忘捞一把白色的飞蓬在手。

大概，这种黄绿与白色清新无敌的组合，正好契合了我中年少女欲罢不能的灵魂。

自然，我家的院子少不了这种小白菊。甚至，每每有人问我种点什么好，我都情不自禁向人推荐这些小菊花，恨不得家家摈弃大红大紫走上这文艺小清新的光明小径。当然，十有八九，我是自作多情，"菊花我是坚决不种的！""白色的花种了会被我老母亲打死的！"

吓死了，幸好我的老母亲不会打死我，电话里问候我家花草比问候我还勤快。有句话说，世界无限，除非自己设限。我有时也会给自己设置一些限制，这个花不种那个花不种，当然原因多半是这个不喜欢那个不喜欢而已。小白菊这么清新少女的花，从来不在我的禁忌之列。放心吧，生活的经验告诉我，再强的阻力都敌不过"喜欢"两字，所有牛鬼蛇神都会为你让路。所以，你若喜欢，就痛快喜欢吧！

南非万寿菊比之其他的小白菊都要大一些，每个细长硬挺的花瓣排列整齐，每个花瓣白到没有任何一点杂质，强迫症完全得以治愈。

西洋滨菊年复一年，若无风雨，也是亭亭玉立。但江南毕竟是梦里水乡，雨水多起来，挡也挡不住。

我实在想不出，还有哪种花能如此的清新恬淡、天真无邪？还有哪种花能让人想起那个白衣翩翩的少年，那些在电话里弹过的吉他，那些在黑板上写下的密码？

无论在哪里，我总是能在万紫千红中被这并不起眼的小白菊一眼吸引。心理学说，成年后的很多行为都可以追溯到童年。关于花的童年记忆，大部分时空是被墙角色彩斑斓的凤仙花、暗紫浓烈的鸡冠花占据。只有心底某个不起眼的角落，开着一簇永不凋零的小白菊。

那不是别的小白菊，大人说，那是可以泡茶的杭白菊。我从来没有关心过它的功用，小时候也没有喝过菊花茶。秋高天凉，田间地头，篱笆旁边，偶尔一丛，间或几枝，我只知道第一次注意到的时候，我割草的镰刀会停下来，我走路的脚步会慢下来。从此，所有情窦初开的幻想里都多了这么一丛小白菊。

如今的家乡，早已踏入了城市化的进程，各家花坛的花草也是与时俱进，小白菊自然寻不到踪迹。倒是距离老家小几十公里的邻县桐乡成了杭白菊的主产区，年年把"菊花节"搞得风生水起。

一望无际的白色菊海，令人神往不已。那年秋天，我认识了他，他实在耀眼，像极了初恋。他说他的家乡菊海很美，和我很配。我一个人辗转了几趟公交，悄悄去看了洁白的花海。

嗯，那些没有勇气靠近的故事，终究没有下文。只是，从此，我喜欢的花都像它。

比如，玛格丽特菊，当然，是白色的玛格丽特菊。一听"玛格丽特"四个字就觉得美丽得不得了，从青春期读《茶花女》开始，就一直觉得这是一个美妙的名字，倒不是多喜欢茶花女，而是单纯觉得这个发音好生欢喜。很多年前无意间在网络遇见园艺达人"玛格利特——颜"，倍生亲切，读她的文字仿若遇见另一个自己，要不是她取名在先，我没准要改名叫"玛格丽特——耳朵"什么的了。

后来，遇见那款叫"玛格丽特"的小饼干，瞬间也觉得它比其他的饼干要好吃一百倍。要是配着格子餐布、手编藤包，再加几支白色的小菊花，是不是心中家的模样？

我第一次种下的玛格丽特菊，年复一年，后来都长成了一棵棵的小树，盛放时一片洁白，历经多年不死，后来因为花园改造，不得不把她们移除。移除后即便我费劲心机，都好像被下了咒一样，再也没种出多年不死的玛格丽特，总是一过完夏天就成标本。

又比如西洋滨菊，它亭亭玉立，在风中轻轻摇曳的样子总是让我想起风吹过田埂的日子。那个秋天初涉园艺，一看到宣传画报就触动了我心中的惦念和向往。买了一盆绿油油的苗埋在了院子里。春天的时候，果然亭亭玉立，清新又美丽，采一

玛格丽特菊，长着长着，就成了一棵小树。

在其他植物还在与乍暖还寒的天气抗争的时候，白晶菊已开始孕蕾开花。花开一茬又一茬，绵延整个春天。我对这种顽强又美好的植物总是惺惺相惜。

把在手，好像我也变成了纯情的少女。

　　但是很快，一场风雨，亭亭的花秆说折就折，说倒就倒，一片凌乱。倒是她的宿根和自播属性，让她的队伍越来越庞大。我也心有不甘，继续年复一年地栽种。为了防止徒长倒伏，我严格控水，野蛮处理，但是还是敌不过江南多愁的雨。不仅如此，高挺的枝干往往成了蚜虫的乐园，肥硕黝黑的叶子是潜叶蝇的归宿，对一个不爱用药又很洁癖的园丁来说，真是抓狂不已。于是，狠狠心，送人的送人，移走的移走。

　　比如南非万寿菊。南非万寿菊有无数的品种，多半蓝色花蕊，称为蓝目菊，是众多花友的偏爱。但我不行，万紫千红，我独爱一种，非得是白色花瓣不可，光白色花瓣蓝紫色花蕊也不行，非得是黄蕊。南非万寿菊比之其他的小白菊都要大一些，每个细长硬挺的花瓣排列整齐，每个花瓣白到没有任何一点杂质，强迫症完全得以治愈。

　　对于南非万寿菊，我也曾尝试去喜欢蓝蕊白瓣的，也曾去尝试种其他斑斓色彩的，但好景都不长，多半都被我用意念杀死。因为如果你不是真心热爱一种花草，你就会有意无意地疏忽它，时间久了它自然会名正言顺地仙去，主人也自然不用背负太多的愧疚。这听起来十分残忍，所以不是真心喜欢的，不管是花，还是人，永远不要去勉强。

　　唯有白晶菊年复一年，越种越欢喜。从早春到春末，无论是盆栽还是地栽，无论是做主角还是当背景，无论是搭配场景还是怀抱在手，它都让人一见倾心。个子不高，不像滨菊那么招风，始终保持向上；即便边上的滨菊沾满了蚜虫，它也几乎不会受什么侵害；花朵密集，细小的叶子偶尔会招惹一些潜叶蝇，但可以忽略不计；而每年自生自灭，自播能力超乎想象，连砖头缝里都能钻出来，即便自播出来的苗不够密集，打头扦插，也能繁殖到布满每一个空位；即便经历零下几度的冰冻，看起来萎靡不振，一旦天气回暖，又精神抖擞。在其他植物还在与乍暖还寒的天气抗争的时候，白晶菊已开始孕蕾开花。花开一茬又一茬，绵延整个春天。我对这种顽强又美好的植物总是惺惺相惜。

　　那些洁白的花瓣或沾着露水沐浴着春日温柔的晨光，或透过夕阳闪着耀眼的光芒，就像记忆里那个洁白的少年，散发着阳光的味道。所有关于小清新、小美好的生活幻想都浓缩在这熠熠生辉的洁白里。如果情绪正好，不妨摘下一朵小花，数一数它的花瓣，在单数和双数的不确定里去占卜下一秒的小幸福。

小贴士

1. 玛格丽特菊夏季剃光头、遮阴，更容易度夏。
2. 白晶菊可独立种植，也是很好的背景材料，和郁金香成片混植，不仅可以弥补郁金香片植需求量太大的不足，还可以创造别具诗意的感觉。

Tips

所有关于小清新、小美好的生活幻想，都浓缩在这熠熠生辉的洁白里。

/潘金莲 or
旱金莲/

一日，正伏案忙碌，有人兴冲冲跑来问我："潘金莲怎么养？"

我笑嘻嘻答曰："包养！"

"啥？"

"要不，你找武大郎或者西门庆问问？"

他一脸严肃："就是你昨天朋友圈发的花！你不是说叫潘金莲吗？"

啧啧，老实人真好骗。我家旱金莲该哭还是该笑呢！

话说，旱金莲还真是一种我很喜欢的草本开花植物。像潘金莲，是个美人儿。

圆圆的叶子宛如莲叶，要是肥料底气十足，她肥美的叶子足有我巴掌心大，蔓延一

片，自成风景。常常有人会指着她的叶子问：这是铜钱草吗？

旱金莲实在不需要怎么操心，属于易养型的乖宝宝，常规的草花养花规则她都适用。只有一点，旱金莲有很强的趋光性，光在哪里，它就朝哪边长，如果你养在圆形的吊盆，要不是勤快给她转圈，她两三天就跑偏了。所以种在向阳的壁挂盆里更容易长出瀑布一般的效果。旱金莲很容易徒长，见不到光就会很瘦弱。顶端优势也十分明显，打顶可以很好地控制她的株型，提高花朵的密集程度；如果实在太懒，不打顶，只肥水足够，见花不见叶的效果也可以达成。旱金莲需要干湿正好，缺水很容易黄叶子。

旱金莲的播种，这么多年还真是让我摸不着头脑。旱金莲怕酷暑，秋播为宜。我也曾十分谦虚地询问卖种子的人。他们说：种子可以先行浸泡，使用播种介质或育苗块，覆土跟种子直径差不多的厚度，保持湿润，一周左右发芽。按照这个有时候挺灵的，有时候颗粒不出。气温太低不行，太高也不行，有时气温正好也不行，矫情得要命。倒是地里它们自己掉落到地里的种子，闷声不响长得遍地都是。难道，这旱金莲自认"草"花，配不上我的精心照顾？好吧，种子买来，直接丢地里得了！结果全部都化作了尘土。嘿！这"金莲"的小脾气还真人捉摸不透！有人说：种子不好！啧啧，瞎说什么大实话！

旱金莲播种如果失利，没事，还有一种繁殖方式更好用——扦插。你打下来的顶，千万不要丢弃，插在疏松的土壤里，保持湿润，很快一盆新的旱金莲就诞生了。旱金莲怕霜冻，在江南地区盆栽为宜，地栽需要到开春之后移植，秋播苗在封闭阳台或者阳光房可以顺利过冬，到三月就枝繁叶茂花蓬勃了。如果春天播种，就会错失早春的花期，而炎炎夏日旱金莲不经暴晒，一命呜呼十有八九。

旱金莲的叶子有股豌豆味，所以跟豌豆叶一样容易招惹潜叶蝇。肥美的叶子往往成为潜叶蝇产卵的好地方。原本好看的叶子画满"鬼画符"，翻转到叶子背面，定有一颗虫卵裹在里面，常常气得我差点把叶子摘光。不喜欢用药的我，忍不住杀心四起，

蔓性旱金莲'奶油花'

蔓性旱金莲赤帝，可悬挂种植，也可以攀爬栽培。

恨不得立即撒点"潜客"毒死它们。但是旱金莲跟荷叶一样，叶面不沾水，沾颗水珠子会滚来滚去，所以喷药重点要喷它的背面。当然，小蝇子飞来飞去，得挂点黄板！

旱金莲也是一种沙拉食材，带有辛辣味，消炎杀菌。去尼泊尔旅行的时候，曾看到山民种植的一堵旱金莲花墙，甚为震撼。但是我对吃旱金莲心有芥蒂，毕竟我实在我不想和潜叶蝇这种恶心巴拉的东西吃同样的食物。养花后对病虫害有了前所未有的见识，以至于去菜场买菜，对蔬菜上的虫斑来由也是了解得越来越透彻。比如豌豆、扁豆、莴苣叶子、豌豆苗这些植物最易遭受潜叶蝇的侵袭，每每看到"鬼画符"，就觉得这菜实在难以下手。蒿菜之类特别容易抖索出斜纹夜盗蛾的幼虫；包菜、青菜常常有青虫；豇豆里常常有钻心虫；韭菜啊之类容易夹带蜗牛，曾经在食堂的韭菜炒鸡蛋里扒拉出一颗蜗牛后，再也没吃过韭菜……一想到我可能会吃进诸多虫子虫卵，嘴巴一张，飞出一连串的幺蛾子，我就难以下咽；但没有虫子虫卵的，似乎更加买不下手，因为养花种草这么多年，深知不喷农药又没有虫卵实在难以实现。呃，长此以往，我怕不是要饿死？

咳咳，在饿死之前，我决定先好好养几株旱金莲，美死自己！走，种旱金莲去！

/ 小贴士 /

1. 旱金莲有强烈的趋光性，要么利用，要么避免它。

2. 旱金莲最易遭受潜叶蝇攻击，注意防控。

3. 缺水容易黄叶。

4. 冬季避免霜打，阳台、暖房过冬；夏季不耐高温，可放任枯萎，秋季再播种种植。

Tips

/草花明星——毛地黄/

综观大部分花友的家庭小花园，都是混合型花园，我家也不例外。混合型花园万年不变的固定配置就是月季、绣球、铁线莲。这三大件被喜爱、被需要、被重视的程度，从各位前辈和达人纷纷给它们著书立说传授经验，到各种种植手帖遍地开花，可见一斑。

除了这三大件，其他的草草花花都是用来丰满花园的陪衬和配饰，多半成不了气候。虽没有它们不行，但多一个少一个也没大碍。当然，这里面总有一些不甘寂寞的，使出浑身解数也要争奇斗艳，分得一季春色。如此这般成功上位的，当数草花里的毛地黄。

虽则名字透着浓浓的草根气息，不怎么洋气，但它高挑笔挺的个子，鸡毛掸子般庞大的花穗，可以立即打破花园平铺直叙的寡淡，空间瞬间立体生动。这种自带光环的植物，一出场，不抓人眼球也不行。月季在千朵万朵压枝低之前，也只能成为它的背景。

如此高调的草本植物，我自然不会放过。很多朋友都跟我说，他们被毛地黄"毒害"，责任都在我。我一听"毒害"两字，往往会被吓得一个激灵。因为，毛地黄抽穗前还真像一棵菜，时不时有人会因此"揶揄"我：没想到你也爱种菜！但是要注意：毛地黄全身有毒，是速效强心剂的原材料，包括"西地兰"（药名），谁吃谁知道！

幸好他们解释说：啊哟，你每年在朋友圈晒的一串串的那个花太毒了，太好看了，叫什么黄来着？什么时候种呢？咋种呢？

哦，谢天谢地！还好他们没有把毛地黄当菜吃！这群坏家伙，"毒"字能这么随便用嘛！哎，真是责任很重大，我觉得有必要来说说我种毛地黄这件小事，在这之前，你们千万不要当菜吃！

其实，在我36年的前半段人生里，我压根儿不知道有"毛地黄"这种植物存在，连听都没听说过。毕竟这不是我们本地的物种，也不是我研究的专业。应该不算很丢人吧，毕竟还有一大拨朋友是看了我36岁开始种的毛地黄之后，才认识这种植物的。如今好几年过去了，依然有很多朋友不断来问我这是何方仙草。可见，我们还算革命先驱，哦不，先辈？不不，先知？……嘘，我知道有个别人，注意力已经从毛地黄移开，在掐指算我的年龄。要不得！嘘嘘！

既然我一开始都不知道毛地黄这种植物存在，那么一开始肯定也不知道要种这种植物。但是刚开始大张旗鼓当园丁，心情总是澎湃的，不整点动静出来都对不起一个新手的风格。但作为一个极要面子的人，在园丁养成之前，我是不会随意露怯的，所以我悄咪咪像一块海绵一样好学。各个论坛、网店、各类书籍、图片，东闻闻，西嗅嗅，培养植物感情，寻找种植灵感。

一开始，我对画面里一串串羽扇豆颇有好感，这五彩斑斓的羽扇豆竟然说是鲁冰花，我就更振奋了。毕竟，我是听"家乡的茶园开满花……闪闪的泪光……鲁冰花"长大的。

但凡跟童年记忆相关的东西都会让人欲罢不能。虽然从小对鲁冰花的认知仅止于老师说的"这是台湾的花，这是母亲花"，念着唱着就眼泛泪花，至于鲁冰花具体的模样那大概就是冬天雪花一般的存在吧！

享受毛地黄切花自由的快乐。

冰花嘛，跟雪花也差不离，至于这个"鲁"字，从小就知道两个跟"鲁"有关的名字——"鲁班"和"鲁智深"。鲁班倒也冰雪聪明，这把人打得眼球像开染坊的鲁提辖跟这冰花应该没甚关系吧？兀自思忖百思不解，这不，一百度，才知道"鲁冰花"仨字是客家话"路边花"的音译！唉呀，谁这么有文化，用普通话表达得如此优美，让人浮想联翩，不，是让人浮想连着跑偏！

既然是客家人的路边花，我就知道没我什么事了。我的人生最怕"勉强"两字，养花跟谈恋爱也差不离，选植物就跟选对象似的，门不当户不对的，多半没啥好结果。所以，谨慎如我，不适合本地的物种我基本不会选择，因为我怕折磨植物，也怕植物折磨我。

不喜太冷、不喜太热的羽扇豆，美丽是美丽，但粗野地养在四季分明的江南还是需要经受考验的。当然，我也有不死心的时候，尝试寒冬过后买一点暖棚出来的大苗，翻种到自家院子，但这终究不是自己一手带大的娃，亲热不起来，就这么短暂地爱了一下，想想还是把它种在心中那片"茶园"最好。

天涯何处无芳草，得来好像也没费什么工夫。在购买其他花草的时候，无意中在一个网店见识到了这样一种植物：一串串铃铛、大花炮，鸡毛掸子似的，笔直高挺，像羽扇豆，又不像羽扇豆。果然，这世上有一种逃不脱的轮回叫：爱上的人都像他（她）。我的心弦被悄悄撩动！

再一看，天助我也：毛地黄，耐寒植物！有点不敢相信，又反复跟卖家确认，卖家回复：耐深寒，零下30℃以内都可以！那是一个西风瑟瑟的秋天，我打了个激动的寒颤，心想：这门亲事要成了！我决定下订单！

我对一切不怕冷不怕热的植物都充满好感，我购买一切首次种植的植物，询问只有一个模式："怕冷吗？""怕热吗？" 在江南，最佳的植物属性是冬不怕夏不怕，冬不怕夏怕也行，夏不怕冬怕也成，两头都怕的植物，得，咱不能要！若真遇到个喜欢到欲罢不能的，看看能不能买把鲜切花过过瘾得了！

首次选了三棵'玫红胜境'，三棵混色'刨花'，也不知道啥区别，卖家也说不清楚。网络上一搜，不但没资料，还多出一款'斑点狗'。好迷茫！至于买回来怎么种，全凭农村娃的天分，反正看着挺像菜的，松土挖坑，一顿常规操作。

在毫无经验的头一个园丁春天里，我迎来了第一束毛地黄的盛开。都说，癞痢头儿子自家好，新手园丁见一朵花开，就欢天地喜，见一串花开，那还不得上天。

毛地黄主干花谢后，尽快修剪，侧枝继续开花，延长花期。

尽管6棵毛地黄，还没开花就被风雨整天折了2棵，我还是被余下4个次第开放的大花炮激动得冲昏了头脑，尤其是淡粉色'刨花'这款，不知道怎的，花秆子都妖娆出了三道弯。我的朋友们也都是大姑娘上花轿，头一回，疯了似地都要来跟这个鸡毛掸子花合影。如此简单易上手，又让我在朋友们面前大大满足了虚荣心，作为新手园丁的我真是喜不自胜。从此，毛地黄就成了我家每年秋天必种单品，即便秋天球根不种，毛地黄必种，而且越种越多。

虽然毛地黄越种越多，但有一点还是不明就里，那就是关于"毛地黄"这三字。本来我也没打算细究，反正也不影响我把毛地黄种美。但是每当邻居们一次次来问我这么好看的花花叫什么名字，我一说毛地黄，他们就犯嘀咕，要反复跟我确认的时候，我好为人师的本性不允许我一知半解。

这么好看的花，为啥非要叫毛地黄呢？经过仔细思索，我忽然意识到"地黄"两字似曾相识！啊对，熟地黄、六味地黄丸！这不，地黄是一种植物，还是一种中药材。没见过，但吃过啊。一百度，说因为跟地黄长得像，浑身又被灰白色茸毛和腺毛，所以叫做毛地黄。毛地黄又叫洋地黄，因为原产地在遥远的西欧温带地区。但因为它是归化植物，无须驯化，所以在我们这里也能很好的适应。

除了叫毛地黄、洋地黄这样中规中矩的名字，它还有别名叫狐狸手套什么的，据说坏妖精给了狐狸一串毛地黄花，狐狸脚戴了毛地黄铃铛一样的花朵，走路就跟装了消音器一样，晚上出来偷鸡就悄没声儿了。我没见过狐狸，不知真假。但是，毛地黄的小铃铛，从枝干上掉下来，"簌"的一声，我倒是常常听见。

毛地黄在江南属于秋植植物，秋天播种秋天种植。种子我也是播过的。但撒了几包，颗粒无收。再后来就懒得折腾，买苗为主。有一年花友"鞋带散了"寄来一包毛地黄种子，随手撒撒，天哪，苗竟然出得密密麻麻，不知如何收拾了。卖家卖苗一年比一年贵，这又让我对播种生出了无限期待。

毛地黄喜冷凉，不怕冷这一点，真是爱好者们的福音。那年江南遭遇-9℃极端天气，我家院子那么多植物瞬间成为冰雕，冰雪融化，冰雕全部变成烂菜叶子，毛地黄除了被厚重的白雪稍有压塌了之外，毫发未损。毛地黄怕热，江南40℃高温自然招架不住，但二年生草本，秋天种植，第二年春天开完花或者收完种子就处理，等到秋天再重头再来，所以过夏这个问题就可以忽略不计。

江南地区花友们的毛地黄开花时间大部分集中四月。很多人常常会问我：你家毛地黄怎么开那么早？差不多三月，我家毛地黄就要开始开放。不仅开放得早，还收尾得晚，差不多六月结束。这是怎么操作的呢？

其实这跟种植的时间、日照、修剪等有很大关系。要想开花早，肯定是种得早。每年国庆期间，我种下第一批毛地黄，也算美化家园为祖国妈妈献礼！如果还没来得及规划来年的花境布置，就先暂种在花盆，各类植物规划好，冬肥埋好，再进行露地栽种。但"入土为安"，越早定植才有越早开花的可能。

为了延长花期，一方面花苗可分批种植，另一方面要善于修剪，有些品种毛地黄侧枝很多，主干开完后迅速修剪，施肥让侧枝继续开花，这也是延长花期的方法。当然，如果为了保证主干的品质，那么侧枝可以适当修剪，或者干脆不留侧枝。

花苗日照丰富、肥水充足，开花不仅早，花串会更加饱满。很多草花冬季不宜施肥浇水，因为一不留神，反而冻根。但冬季型花卉的优势是，冬天一样保持旺盛的代谢能力，所以依然需要定期浇水施肥。毛地黄就是这样的植物，有一年，我爱上了堆肥，三天两头接了柠檬味的堆肥液喂它们，这一期的毛地黄开花特别鲜艳特别整齐。

很多植物和毛地黄一样写着这样的属性：耐贫瘠！这对我们的新手园丁往往是一个误导。认为自己家的土壤不改良，随便都能种出美丽的花来。其实，耐贫瘠，不代表

喜欢贫瘠，只是它比较顽强而已。就好比一个人有吃苦耐劳的品质，不代表他必须得天天吃苦。耐贫瘠的植物，在贫瘠和富饶的土地，表现是天壤之别。大部分家庭种植的植物，都喜欢土质疏松、排水良好、肥沃的土壤条件。所以即便植物表示自己耐贫瘠，你大部分时候也不要期待在板结贫瘠的土地上开出多美丽的花来。花草是极其感恩的物种，你试试苗期每周一次氮肥，开花前每周一次磷肥，如此这般定会收到花的馈赠。

很多植物还有一个属性：耐阴。很多人对"耐阴"这个词，理解也往往有些偏差。耐阴和喜阴是不同的，耐，是忍耐，有不得已的意思。但凡开花的植物，日照是无与伦比的补药，在阳处和阴处表现大为不同。毛地黄耐阴，但只有种在日照好的地方，才能又壮又美，否则枝干弱不禁风，铃铛稀稀拉拉，花串没有饱满之感。所以，记住，毛地黄这种一心想当花园主角的草花，必须给她一个良好的舞台。

/ 小贴士 /

1. 江南地区，国庆左右开始种植第一批毛地黄。为了延长花期，毛地黄可以分批种植。

2. 毛地黄耐寒，冬季是生长期，除了种植前以有机肥作底肥，不要忘记高氮复合型液态肥每周追肥。

Tips

毛地黄，一不小心，长得我和一般高。

重瓣楼斗菜，花量总是大到惊人。

/种一棵美丽的"菜"/

（一）

有人说我：只爱种花，不爱种菜。这话我有点不同意，我也是爱种菜的，就是院子实在太小了，挤吧挤吧，不知不觉就把种菜的空间给挤压没了。

就说吧，我特别喜欢种一种菜——嗯，叫那个：l-óu~d-ǒu~c-ài！耧斗菜！

哈哈哈，好吧好吧，我承认我有点点不诚实！这是花，不是菜！

我说过外国人取花名，洋气是洋气，就是没有章法，我们中国人取花名那真是——土里土气，哦不，那真是神形兼备！

16年前我刚拥有院子，喜不自胜，踏破了花鸟市场的门，才搜刮来一堆五颜六色的月季，花朵大如盘。小区物业管理花木的老园丁一看，一拍大腿，竖起拇指说："哟，红和平！黄和平！粉和平！"又指指一款花瓣由乳白色向外逐渐成樱桃红的双色月季，叫道："哟，不得了，红双喜！"我一听，呀，这花名都这么大气！我怕是Hold不住啊！果然，有两年，我家不怎么和平和欢喜，这些月季枯死的枯死，被偷走的偷走。可见，这名字取得好，德不配位的，敢情都不让种好！

再来说说这耧斗菜。一开始也觉得奇奇怪怪的，不是菜非要叫菜，从来只知道有"漏斗"，咋还出来个"耧斗"？这不，好多人都吃不准这个"耧"字的念法！保不齐是哪个装腔作势的故意为难我们养花人，神叨叨故弄玄虚，好暗地里抬高"菜"价？毕竟，它那么好看！

这不，一百度，才知自己才疏学浅：此耧斗非彼漏斗！再看"耧斗"图片：啊呀妈呀，这不是耧斗花的灵魂吗？我们常见的耧斗花简直是活脱脱一架耧（斗）车啊！这耧（斗）车是啥？就是我们古人的伟大发明——播种机啊！只要你看到这"播种机"的模样，你就立马明白，没有比"耧斗菜"这三个土里土气的字更适合这款植物了!

后来有人叫它猫爪花，看看也挺像的，但毕竟没有耧斗菜那么神形兼备，毕竟"耧"字也难为了很多人，逼着人们去学习，这对历史文化的普及也起到了意外的推动作用，所以名字土是土了点，两者选一，我还是支持"耧斗菜"。

如果你问我，所有种过的植物里，谁最配得上小仙女这样的称呼？我一定会毫不犹豫地说：耧斗菜！截止目前，我真的找不出一款比她更仙女、更精灵的植物了。

从叶片到枝干，从枝干到花瓣，浑身都散发着脱尘的气息。叶色不似墨绿那般深沉，不似草绿那般生硬，而似荷叶一般的温婉。叶形似带着荷叶边的银杏叶，三叶一扎，自成姿态。花茎亭亭，花色各异，单色双色皆有；花型因品种系列的不同，单瓣重瓣各异，或似耧斗猫爪，或丝丝入扣，也早已超越了"耧斗菜"最初得名时的花型局限。

当然，我最喜欢的那款，还是最初被定义的模样。按照我中年少女的审美，花色多半是选择粉的、白的、粉白双色的组合。粉白的花朵、粉绿的枝叶、纤细的花

虽则耧斗菜品种形态各有不同，但"小仙女"的气质不变。

这丛楼斗菜在我家甚是怡然自得，五六个寒冬酷暑历练，依然活得十分超脱。

茎、轻盈的姿态，完全契合了我对一株仙草的神往。

　　我常常醉心于这样的画面：早晨娇嫩的阳光穿过草地，穿过栅栏，光影斑驳，每个花瓣有若蝉翼，微风拂过，花枝微微颤动。此刻，它不是什么楼斗菜，也不是什么猫爪花，她是人间仙草。若一定要用一个人来形容的话，那就非弱风扶柳、冰雪精灵的林黛玉莫属。林黛玉的前世是一株绛珠草，在见识过楼斗菜之前，我觉得她至少也应该是长白山野参花一样的存在，当我得知绛珠草是东北大花袄一样的"红姑娘"时，我就捶胸顿足！

　　你若问这人间仙草，凡人种起来有没有难度？这个，我可真不敢随便乱说。这么说吧，我家历史最悠久的一盆楼斗菜，是'折纸'系列的，五六年了，够长寿了吧！但也有开完花过完夏天就仙逝的。楼斗菜不怕冷，江南的冰天雪地都没事，但是夏天如果赤裸裸的暴晒，在高温高湿双重袭击下，那真是禁不起几回折腾，毕竟我们弱风扶柳的气质摆在那里。要想顺利过夏，一定得土质疏松排水良好，庇荫通风，水也千万不要乱浇，今天旱着，明天涝着，这么温柔的植物还真得你温柔对待。

　　好在它是仙草，即便过夏真过死了，它自有繁衍的方法。种荚弹出的微小种子，自播能力极其可观，小苗多到让人不知所措。如果有心，每年留几个豆荚结种子（种荚留多了耗养分，影响花期的长度）。夏末初秋播种算是最稳定的续香火的方法。至于年复一年活成精了的那些个品种，自然要好生供奉。比如秋冬发出新芽前，赶紧抹去老叶，一把花肥伺候，春天的时候一定多给她几个镜头，多留点美照，晒到朋友圈，让全世界的朋友都来夸赞她。如此！这般！她就愈发成仙成精了！

（二）

有人说：我只爱种花，不爱种菜。这话我有点不同意，我菜也会爱种的，就是院子实在太小了，挤吧挤吧，不知不觉就把种菜的空间给挤压没了。

就说吧，我特别喜欢种一种菜，咳咳，不是耧斗菜！这回我是认真的，我家一年四季，年复一年，栽种这么几棵神奇的菜，嗯姆，叫甘！蓝！菜！好吃又好看！不是吗？

那你吃了吗？

我自然没有吃。

那你说的就是秋冬绿化带里那一排排一圈圈的、紫的白的那些个包菜吧？能吃？

除了冬季和早春，会呈现紫色外，其余时节，这棵叫"鹤"的甘蓝跟普通的菜也没有什么区别。

差不多吧，就是这种羽衣甘蓝。羽衣甘蓝虽然是一个园艺变种，但是吃起来跟菜场买的圆白菜一样营养价值丰富。西方人最爱拿这个做沙拉，看，他们长得人高马大！放心吃吧！

"这种菜你也种？"

……

我隔着屏幕都感到了一种别样的意味，搞不清到底是我被嫌弃了，还是菜被嫌弃了？

真不是，大伙儿对甘蓝的认知还停留在绿化到栽植阶段？我有责任给我家唯一的菜辩护一下。就好比，娃都是美娃，农村奶奶带和城里妈妈带，气质大相径庭一般；菜也是美菜，绿化带和家庭园艺可以不同范儿。

你还别说，这甘蓝家族的名儿高级着呢，什么'华美'系列、'鲁西露'系列、'鹤'系列……这些年在切花界，它们可都是香饽饽。如果楼斗菜算作菜的话，那应该是菜中的白富美。如果甘蓝菜算作花的话，它就是花中的叶牡丹了。

不仅如此，它拥有菜的全部优点，好生好养，随处可长。它还拥有花的美艳，亭亭玉立，艳若牡丹。

播种更是毫无压力，只要保证土质疏松湿润，出芽率几乎都是百分百。如果一个新手对播种没有信心，那么选甘蓝试播，保准信心爆棚。

冬天万物萧条，寒风凛冽，这甘蓝就是花园色彩的大救星，越冻越晒越美丽。如果和银叶菊、矾根、角堇、三色堇之类耐寒植物混搭组合，别有意趣；如果一棵多头的话，那真是别具姿态赛牡丹了。

一棵多头？很多人一听这个就来劲。但是怎样才能把一棵甘蓝养成多头呢？从播种开始，从没见过一棵菜有主动分支的意思！

那我家多头甘蓝是怎么来的？嘘！秘诀有俩。

第一：大冬天，栽着甘蓝小苗的花盆放在碍手碍脚的地方，一天脚底一滑一屁股坐在甘蓝小苗上，好端端一棵菜苗瞬间就"咔嚓"断头。园艺的奇妙就在于：意外永远会带来新的意外！屁股毁了甘蓝一个主干，甘蓝必定会还你更多的侧枝。拭目以待，多头甘蓝就要出现了！

第二：啥也别管，任凭它自由长大，任凭它自由开黄花，等到春天百花齐放看它已然不顺眼的时候，"咔咔"齐根剪断以泄私愤，连根都懒得拔起。从今往后任

从一粒种子，到自成一片菜园，我也没想到，一棵菜可以活那么多年（甘蓝"鹤"的三年老桩）。

凭风吹雨打，任凭杂草丛生，直到天凉好个秋，你浑身开始回血，扒拉开那些丛生的杂草，就可以意外地发现那个早被遗忘的菜根已然发出了一根又一根的小枝条。重新上盆，哎呦，一个多头的甘蓝老桩又诞生了！

有心栽花花不开，无心插柳柳成荫。我家的多头甘蓝，得来纯属意料之外，毫不费力。但意外归意外，经验还是可以总结的：打顶出老桩这件事，花期不宜，要么趁早，要么宜晚；小苗要舍得砍，老菜要舍不得扔，取舍间分寸你就自己拿捏。

这么一来，敢情这个菜要养好几年的意思？

是呢，我也没想到一棵菜要活那么多年！我家年纪最大的一棵甘蓝，正要度过它生命里的第三个冬天。如果说多年生的楼斗菜是精灵，那这多年生的甘蓝就是老妖怪了，张牙舞爪，奇形怪状，竟然自成一景了。

如何让一棵甘蓝成为多年生老妖怪呢？我觉得只有一个字，那就是：忍！

作为一棵菜，抽薹开花本是天经地义，但是相信大部分人暂时只能接受甘蓝作为"叶牡丹"这一阶段的形象，骨子里对强行踏入花艺圈的菜还是有点瞧不上。所以菜花一黄，心胸宽大点的，自然还觉得这抹鹅黄也挺美丽，内心苛责的，自然对着叶子稀稀拉拉宝塔一样的植株不能容忍，尤其是结了菜籽以后，东倒西歪突兀在花境真是忍无可忍。"死了算了"，这么颓丧恶毒的想法，自然而然就生出来了。一旦这想法出来，连根拔起让位其他植物就是必然的命运，想要年复一年自然是痴心妄想。

再美的人不能每时每刻保持精致的妆容，再美的植物也不能定格在你最期待的模样。爱一个人是爱这个人的全部，接纳一棵植物是接纳它的所有。想要拥有更加美好的事物，忍耐自然有它的意义。守得云开见月明，人、事如此，草木亦是如此。

当然，不是每一棵甘蓝老桩的获取都需要你如此隐忍，因为也不是每棵甘蓝都遵循"秋天播种—冬天和早春繁盛若牡丹—春天开花结种丑炸天"这样的规律。也会有些秋播的小苗发育迟缓，错过花期，索性一门心思长个子，不走寻常路的。

我连续播种了几年的甘蓝，名字叫"鹤"——我对这名字其实很困扰。因为即便它们在冬季和早春艳若牡丹，即便它们后来开花清新如风，我也没有办法把它和"鹤"这个名字关联在一起。

直到今年五月，春季草花纷纷从花境退场，大部分甘蓝都已开过花结过果，幸运的被砍头、不幸的被连根拔除后，作为曾经最被忽视一部分甘蓝，忽地从植物堆里冒出来，秆子足有拇指粗，叶子包成巨型玫瑰的样子，在阳光下，闪耀着银绿色的光芒，鹤立鸡群，我震惊万分！

往后的四个月里，它们的个头从50厘米一直窜到了100厘米以上，甚至需要竹竿来辅助。此刻，打顶，60厘米A级切花插瓶，40厘米剩余成为老桩，一举两得。但此刻，如果不打顶，它们会一往无前地向上长，长到2米，你也不用觉得惊讶或夸张。你要相信，一棵甘蓝的梦想不仅仅是想成为老桩自拥一片菜园，也许它还想成为一棵亭亭临风的树。

─ 小贴士 ─

1. 楼斗菜江南一般不用避寒，冻伤的黄叶、老叶早春及时抹去即可，注意肥水跟上。
2. 甘蓝冬季和早春是观叶最美的时候，注意加强日照，日照会影响状态。
3. 不要期待甘蓝抽薹开花之时打顶能产生一个多头的甘蓝，你只会收获几把菜花。

Tips

/玫瑰玫瑰，我爱你/

"这是蔷薇吗？"

"这是玫瑰吗？"

总有人指着我家的那些'大游行''龙沙宝石''夏洛特夫人''黄金庆典''瑞典女王'……这样问我，而真正的那棵大马士革玫瑰即便就摆在他们面前，也少有人问津。

蔷薇、月季、玫瑰，这三个名词总是让人晕头转向，不像外国人简单粗暴，直接管它们都叫rose。

尤其是玫瑰一词，不知从何时开始浑身都散发恋爱的酸臭味。一提起玫瑰，人们总是忍不住含羞带笑，心情明媚，好像每一个花瓣都替我们无声地诉说着"爱你爱你爱你"。西方情人节、中国情人节、白色情人节，反正商家变着法儿想出各种情人节来气我们单身狗，顺便不定期抬高"玫瑰"的价格。其实，也就是一把切花杂交香水月季。哼！

好吧，这么说其实有点柠檬精，但话酸理不酸。植物学上的玫瑰，它看起来确实没有那么惹人喜爱，多半是用来提炼精油、制作香料，以及泡在我们很多女生的茶杯里。不仅仅是花店里出售的象征爱情的所谓玫瑰，我们家家户户种植的也好，公园绿化带的也好，爬藤的也好，直立的也好，杯状的也好，包菜型的也好，都由西方古典玫瑰和中国古典月季集结优点杂交而成，统统称为现代月季，都是蔷薇属大家庭的一员。所以以后见着了它们中的一个，你也别纠结具体到底是啥，你只管叫他们"肉丝""肉丝""肉丝"，只管说好看好看好看、喜欢喜欢喜欢！

因为太喜欢了，所以在我还不知道未来能否拥有花园开始，我就做梦，我要一个白色栅栏的玫瑰花园。那时候也就20出头的光景，大概西片看多了，想入非非的。不过，梦想还是要有的，万一实现了呢。后来拥有了自己的房子，果然不偏不倚带着一个白色栅栏的小花园。

'遗产'

'绒球门廊'

'大游行'

那些年，小院陆陆续续搬来了不少"土"月季，因为那时候包括我在内的大多数人还没有"欧月"之类的概念。每年三到五月，我不断地在花市里转悠。那时候对月季种植也没有任何概念，从花市买来，挖坑入土。反正卖花人说了，月季地栽最好，随便弄弄就发得不得了。谁知道他们说的地栽，那个地不是我家的那种混凝土地，我家不仅不发，还趁我不知不觉就自己死了；剩下几个误打误撞没有死又开得美的，也被邻居老太太偷偷挖走了。

这样捣腾了几年，淘宝终于给我打开了一个买花的新世界。看着乱花迷眼的图片想象着自己的白色栅栏花枝招展的模样都能笑出声来。但几次尝试后，挂羊头卖狗肉的不良商家还是残酷地打击了我的小理想，那些所谓的'龙沙宝石'，那些所谓的世人最喜爱的月季，最后在我心口都开成了一朵朵忧伤的小白花，白白耽误了我作为园丁的青春。

又过了两年，中国的园艺普及之光终于照耀到了我的头上。各种养花论坛兴起，我像一块海绵一样"咕叽咕叽"地吸收着各种信息。玫瑰花园似乎指日可待。

那时候'大游行''光谱''甜梦''安吉拉'等是最佳选择。斟酌再三，找了北京一个靠谱的卖家，一口气买了六棵'大游行'两年苗，我急于看到12米的围栏和一架拱门迅速被花布满的样子。一个新手园丁迫切的心情，表露无疑。

要不是后来层出不穷的更加洋气时髦的欧月出现，'大游行'应该也是每家必备的经典名花，就像现在的'龙沙宝石'一样。它生性强健，生长迅速，一棵即可覆盖四五米，花量铺天盖地、极度丰富，花朵松紧合宜，色深耐晒。当初我也是看中了它此等优势，怎奈诱惑太多，心思蠢动，开始嫌弃它的玫红色彩，像极了一个穿红戴绿的媒婆，和自己一心想要高出尘世一点点的小清新风格完全不搭。要不是新入的几棵'龙沙宝石'实在扶不上墙，而'大游行'一年比一年旺盛，估摸着我早把它们替换了。哎哟，这么想着，怎么挺像那谁换糟糠之妻似的。一个好男人，我也挺建议他养几株花换换过瘾的。

不过，后来有一次看到孔雀舞女神杨丽萍老师携着一篮子自家的大红大紫的月季出场，美到不可方物的样子瞬间把我震住了。原来不是'大游行'俗气，是我这种花人俗气。

有一次外出，在一处乡村，灰色的残垣断壁，忽见一株'大游行'蜿蜒而行，我竟然难掩欣喜。在老街一处民宿也同样看到它的身影，竟然和旧木窗格搭出了古典的韵味。如此看来，不是花俗气，是种的人缺乏功力。

于是，折回家，面壁反省，琢磨着怎样才能让它们仙气飘飘。

月季花开的过程最是耐人寻味。花蕾最是可爱，每次数花苞数到晕头转向还是乐此不疲。花朵将开未开含着带绽最是美丽，盛开时气势最盛，往后就渐渐地走向残败和凋敝。像极了一个女人的一生，莫名会生出更多的怜惜。

粉色系当然属我最喜欢的色系。'龙沙宝石'白中带粉，我跟世界花民一样热爱它。但因为商家铺天盖地的宣传，看多了也会生出一些疲劳。倒是'绒球门廊'后来居上，小花多头，一颗粉红心，一开花莫名让人有结婚的冲动，所以一棵不满足，又添一棵。要不是它浑身都是刺不好惹，差点种一地了。'瑞典女王'当属我的理想型月季。枝干笔挺，强健少刺，倔强又温柔；花色在杏粉色和粉色之间，不艳不俗，花型如盏，小巧玲珑，透过春日的晨光看去，每一盏都散发着光芒。

橙黄色系里'夏洛特夫人'是我的最爱，占据了我家院子西侧花墙的C位。暖橙色系，最抚慰人心。它枝干柔软，但花量极大，而且特别勤于开花。'黄金庆典'是朋友送的小苗，正式开出花来才发现是庆典。春日花开色泽金黄大如碗，但春日的阳光一天比一天暴烈，有时候一日即褪色散开，还没来得及拍个美照，就全部凋零。倒

读你千遍也不厌倦

'瑞典女王'

是秋天一日比一日凉快，虽则花小色浅，倒也清新可人，花期也增加了好多天。

很多月季的故乡温凉多阴，与我们江南干柴烈火般的气候有很大的区别。因此在本土表现优秀的月季，我们强行拿来未必能适应得很好。同理，在我国北方表现好的月季，在江南未必也很好。在我家表现好的，到你家也未必好。园艺是实践的艺术，我说的也仅仅是我个人的体验，一切，都有待每个人自己去摸索。

我家除了'大游行'等几棵个别的月季是我购买的之外，大部分都是朋友扦插小苗送我的。每次朋友们来赏花，我说这是你送我的，那是你送我的，他们都高兴坏了，说听起来我花园的美貌都有他们的功劳。确实，赠人玫瑰，他们的手都是香的。

一棵牙签小苗养到繁盛，大概需要三年，有的甚至超过三年。这期间，我们可能会被白粉病、黑斑病、蚜虫、蓟马、介壳虫、茎蜂、叶蜂、切叶蜂、白粉虱、蛴螬折磨到疯狂。很多新手朋友很难把一棵牙签小苗养大，一棵大苗也可能好端端一命呜呼，就像我当初一样。所以，人世间没有白走的路，每一步都算数。我最初捣腾死的月季，让我心存敬畏，让我知道如何对待。所以你别泄气，请加油！

一个花园的养成，至少需要三年，一个园丁的成长至少也需要三年。所以园艺是很磨练人心性的。现代人多半没有这个耐心，喜欢速成，一年速成的花园比比皆是。

1. 月季喜欢大肥大水，土壤保持疏松有机质丰富，勤于施肥，这是抵抗一大披病虫害的法宝，减少用药的良方。

2. 勤于观察，早发现各种病虫害。枝条裂口早修剪，也避免叶蜂产卵，生出无数小青虫吃光嫩枝，夏天为高发季。

3. 白粉、黑斑病等使用杀菌剂；叶蜂、白粉虱、蓟马等使用杀虫剂，黄板、蓝板院中常挂，并可用苏云金杆菌喷杀，喷药时间避免高温烈日，尽量选择傍晚进行。

Tips

月季的价格也已不像前几年，越来越便宜，这对园艺普及是一件大好事。有时候，我们也需要用钱来买一点保障，买一点时间，缩短花苗长成的时间和花园建成的时间，但园艺本身不仅仅是一个结果，如果没有过程，那将失去很多意义和乐趣。

曾经豪言壮语说要种一院子的玫瑰，种了之后才发现，其实一个院子种不了几棵月季，毕竟一棵月季的排场有点大，而一个美丽的院子只有美丽的月季也是不够的。所以，不要像个饿死鬼一样，见了这个好，买！见了那个也好，买！诱惑没有尽头，爱它，就把它照顾好！最好的，不在别处，在你手上。

'夏洛特夫人'

/一不小心，
爱上了铁线莲/

'戴纽特'和'包查德女伯爵'拱门混植

我曾经一门心思想要一个"玫瑰花园"，但玫瑰花种着种着，我的心就跟着花了！谁知道，这个世界上还有一种叫"铁线莲"的植物呢，而且还那么妖娆，那么婉约，那么清新，那么像一首诗，又那么像一个梦……

等等，我在上一篇里，对如此深爱的月季有那么多形容词吗？没有！

其实，我原本对铁线莲也是不会动心的。大概七八年前，多肉植物正处在红利期，我和大家一样还沉迷在景天的蠢萌可爱里不能自拔。我路过花市最美貌的一家"肉肉"（多肉）店，老板娘听说我有院子，拿出一张某"园艺家"的海报，不务正业地竭力向我推荐一种叫铁线莲的植物，说爬在围栏上多么地美若天仙。

我看着她绘声绘色天花乱坠地描绘，像看一个骗子——这辈子从来没听说过一个植物叫铁线莲！瞥了一眼价格，妈呀，颤抖吧，一棵至少220元！啧啧啧，一个月工资除却吃喝拉撒，好像也买不了几棵铁线莲，万一死了，那心疼得要上吊！普货肉肉10元3个！骗子骗子，想骗我花大钱。我拿着她送给我的海报悻悻地走了！

铁线莲，铁线莲，铁线莲，啥玩意儿？花没买，铁线莲三个字倒是烙进了我的

'戴纽特'和'索丽纳'廊柱混植

心里！毕竟一个花园只有玫瑰是不够丰满的。我把这个海报研究了又研究，不过还是没有机会亲眼看到一棵真实的铁线莲，我是不会为一个莫须有的存在下订单的，我月季花上的当还不够吗？倒是那个美丽的"骗子"老板娘后来成了我的朋友，一聊园艺就特别投机那一种。

等我买铁线莲的时候，已是2012年的秋天。我在户外园艺卖场终于看到了上百盆真实的进口铁线莲。细铁丝一般的枝条，绑缚在小竹竿上。据说韧如铁丝，花开如莲。我看着挺脆弱的，价格倒已比海报上便宜很多，打折加上各种优惠券，算下来六七十元一棵一加仑。咬咬牙狠狠心，把研究了很久的'里昂村庄''如梦'，以及在深绿色的背景上清丽得让人怦然心动的'格恩西岛'搬回了家。

自此，我也是有"铁"的人了！自此，我开始了折磨铁线莲和被铁线莲折磨的生活了！铁线莲是我家单价最贵的植物，没有之一。自打进家门，都享受特殊待遇。土用专用土，盆用红陶盆，肥用缓释肥，千金小姐似的好生伺候着，只差没把它们供起来。结果，越紧张越出错，给'格恩西岛'第一次换盆千小心万小心，一个太小心就拦腰折断。好不容易长出新枝条，忽然出现萎蔫，一个颤抖老眼昏花错剪了健康的主枝。如此一而再再而三，被我折磨到第五年才正式散发出它应有的状态。

不仅我折磨花，花也折磨我。一次，明明出门前花枝招展一派精神抖擞，等我买个菜回来，缀满花枝的枝条就突然蔫头耷脑了，我也不知道自己哪里做错了。

我常常被月季的各种病虫害折磨到崩溃，但月季虽则病虫害多，什么病怎么治一清二楚。但铁线莲脾气看不透，得的病也奇奇怪怪，什么根瘤、枯萎病、虫瘿、黑痘病，而且怎么犯病都是莫名其妙，有人说泥土感染了，有人说蜗牛爬过了，有人说水浇多了，于是浇水都战战兢兢。

当被月季病虫害折磨到疯狂，尤其被茎蜂折磨到精神分裂的时候，我就想再也不养月季了，还是铁线莲安耽；当铁线莲莫名其妙枯萎的时候，我又想着再也不能这么败家了，还不如月季皮实。但花开一美艳，我又好了伤疤忘了疼，这个也美，那个也好，觉得院子里总有几个空位还需要几棵铁线莲、月季来补充补充。于是，每年都在这两种情绪交织里，任谁也没有放弃。

如此，锲而不舍捣腾到第五年，还是有点丈二和尚摸不着头脑。'格恩西岛''小鸭''蜜蜂之恋'等几棵二类铁线莲时而半死不活，时而销声匿迹，时而又表现优异。我的心随着波澜起伏，一会儿被揪起，一会儿被抛下。也不知道自己哪

'小鸭'

'乌托邦'

'包查德女伯爵'

'戴纽特'

'啤酒'

里照顾不周，惹她们不高兴了。

倒是三类铁线莲，越种越强健，越看越欢喜。春天和秋天，一年两季繁花满枝，那是我想要的稳稳的幸福。

铁线莲一类两类三类，是它们的修剪分类，一类属于修剪残花残枝级别的，也就是基本不作修剪；二类属于轻剪系列，修剪长度视苗大小而定，可从顶端算起剪掉2~6节左右，春季老枝开花，一般的早花大花属于二类；三类属于强剪系列，冬季和夏末修剪至三个节段左右，一般的晚花大花及意大利品种都属三类强剪型。

三类铁线莲长势强劲，速生，枝条可以攀附两三米，花量丰富，用作打造花墙、围栏、花柱等。铁线莲和月季相比，更加细腻婉约，逆光看去，花瓣薄如蝉翼，自带一种诗意和柔情。和月季混植，刚柔并济。

三类铁线莲相对病虫害少，护理得当全年不用药也是可以的。因为属于晚花型，春天发育比二类早花大花型发育晚，其好处就是避开了不少潜叶蝇，它们都去祸害早花品种的嫩枝嫩叶了。春花过后，及时修剪残花。等到8月铁线莲行将枯萎或者叶子被潜叶蝇扎得满是小针孔，秋季重剪"咔嚓"一刀，剩下几十厘米的光秆，丑陋的病虫叶又瞬间消失了。新叶新花出来，又是一个美妙的秋天。等到下一波被潜叶蝇叮得一塌糊涂，冬季修剪又来了。安排好冬肥，没有太多其他照料，静待抽笋发芽，迎接一个美貌的春天即可。所以，你有一个花园，我是极力推荐你种植三类铁线莲。此外，'铃铛'也是易上手的品种，一年四季开花不断，冬天齐根修剪，这种痛快我也是极其喜欢的。

　　至于那个莫名其妙的枯萎病，我也慢慢摸出了一点门道。如果个别枝条发生枯萎，仔细检查，一定会发现枝条有断点存在。所以雨过天晴，气温一高，枝条急需水分供给的时候，因输送不畅，枯萎就立刻发生。所以当枝条发生断裂的时候，千万不要想着绑个牙签做个骨折手术，干干脆脆修剪掉，让其他新枝条生长出来。有断点的枝条如果被雨水淋过，也更容易发生感染。所以，在铁线莲的生长季，争取每日巡视，及时绑缚伸展开来的枝条，以免被风折断。另外也要防止蜗牛、蓟马侵害鲜嫩的枝条，导致各种萎蔫的发生。

　　搭建廊架时，我曾经写下愿景："一个走廊，一把椅子，藤蔓缠绕，花枝招展，阳光正好，微风不燥，别说做梦发呆，哪怕一身尘埃，坐在廊下拍打灰尘，抖抖两腿的泥巴，也是美妙得不要不要……"如今，无论春天还是秋天，这里已是繁花绕柱，已是我心安的天下。感谢铁线莲，为我成全！

/ 小贴士 /

1. 透气性差、排水不畅的黏土，不适合栽种铁线莲。可选用泥炭与粗颗粒混合的介质栽种。盆器选用直径深度30厘米以上的陶盆、木箱等栽种，铁线莲根部适当遮阴。

2. 生长季注意防风，每日都要绑扎铁线莲。

3. 按类别修剪，特别推荐三类修剪铁线莲，如'戴纽特''索丽娜''包查德女伯爵''里昂村庄''东方晨曲''乌托邦'等。

4. 铁线莲的混植往往能创造新的奇迹。但为了便于修剪，建议同类修剪铁线莲进行混植。

5. 铁线莲施肥，宜采用缓释肥、草木灰，尽量保持介质干净，减少病虫害。盆栽2年左右更换一次泥土。

Tips

'小美人鱼'

'戴纽特'和'索丽纳'花柱

'大河'

'紫罗兰之星'

/无尽夏，
你开成自己的模样就好/

'无尽夏'初开，色彩是绿白色。

摆在我面前有两排'无尽夏'（绣球），一排是粉色的，一排是蓝色的。我相信六年前，我选'无尽夏'的品位一定把店里的小帅哥给怔住了。任凭帅哥怎么费尽口舌，我这位涉世未深的中年大婶还是坚定不移抓起一盆粉色的两加仑绣球扔进了购物车。

"粉色的郁金香，粉色的天竺葵，粉色的矮牵牛，粉色的福禄考，粉色的铁线莲，粉色的绣球，什么都选粉色的，姐姐是粉色控！"小帅哥嘟嘟囔囔没完没了，见我一次说一次，以至于这么多年，"粉色控"这三个字还在我的脑海里回来荡去。

后来我意识到，这位帅哥真是有先见之明，自从我买了粉色无尽夏之后，我竟然发现生活后患无穷。因为我三天两头都要回答这样一个问题：你家的绣球是蓝色的吗？

我毫不知情地爽快回答是粉色后，大家竟然失落无比：你为什么不买蓝色的绣球？我，我不喜欢啊！我回答得天真又烂漫，自己想想都觉得可爱。

你为什么会不喜欢蓝色的绣球呢？我为什么要喜欢蓝色的绣球呢？我困惑不解。于是，大家都觉得我一定是一个需要拯救的人，他们认真地告诉我，'无尽夏'可以调成蓝色，你把泥土变成酸性，你买点硫酸铝或者硫酸亚铁，你就可以得到一棵蓝色的绣球。我顽固不化的脑袋不断被一蓝色的绣球请求开悟：只有把绣球变成蓝色，这样才算是一个符合主流审美的合格的真正的花友！ 我的初出茅庐的养花人生开始被这只莫须有的蓝色绣球击打得不能扬眉吐气。

终于，当执着于蓝色绣球的前辈H哥站在我的粉色'无尽夏'面前，半开玩笑露出了一点点对我粉色绣球的不屑时，我的小宇宙默默爆发了。嗯哼！我和我的粉色绣球当机立断心意相通，暗暗许愿不准 H哥调出蓝色绣球。万物真的有灵，三四年过去了，H哥撒尽了硫酸铝，他家的绣球依然只有红色、紫色、白色，就是没有蓝色；与此相反，我除了施肥修枝换盆什么也没干，我家的绣球却发奋图强，呈现出了蓝色、紫色、粉色各种丰富的色彩。H哥，我能说我的心情是小喜悦附带一点小内疚吗？如果你看到这一段，请先让我大笑三声，然后你可以代表你家顽固不化的盐碱地消灭我！

好吧，来说说我跟蓝色的绣球有什么深仇大恨？我发誓，大学时代蓝色确确实实是我最喜欢的颜色。蓝色是忧郁，一忧郁为赋新词的青春好像特别唯美。后来的后来，经历人生跌宕，看到忧郁的东西都会自动抗拒。我偏爱明媚，偏爱风和日丽，偏爱微微的暖意。就像H哥猜的，蓝色的绣球一眼看去，让我有种种不愉快的联

'无尽夏'繁盛期，可能呈粉色。

'无尽夏'繁盛期,可能呈蓝色。

无论曾经是怎样的色系,渐渐都归于绿褐色。

想，尤其是紫色和蓝色间摇摇摆摆的色彩，让我觉得仿佛是人身上的淤青块。我想那时候我的身体里一定有什么东西没有愈合，因此我坚持我的直觉，我不需要一盆忧郁的蓝色的'无尽夏'。

不过，年复一年，我也渐渐放下执念，与过往和解，我对绣球色彩的包容度也越来越大。好像在意念之中，又好像在意念之外，我家的绣球也在不知不觉中呈现出了各种复合的色彩。蓝色、甚至被我揶揄的淤青色，我也能慢慢接受，甚至也能感受到她美的那一部分。

如今，依然能碰到很多人执着于把绣球变蓝，也有很多人来问我怎么改变，在碱性和酸性间我常常被问得晕头转向。尽管如此，我却依然没有想法试图去改变她们的色彩，不仅仅是我对有技术性的活儿常常感到为难，而是我觉得万物随缘，你费尽心机未必能长成你想要的样子。越是能掌控自己的人，才越能感知没有什么能尽在掌握。与其觉得可以把玩于股掌，不如去深刻读懂，包括一棵小草。我所读懂的'无尽夏'的美，就在于你色彩的丰富性和可能性，你就像我的孩子，你只需要长成你自己的模样就好！

/ 小贴士 /

'无尽夏'等绣球颜色随土壤酸碱度而变化，酸蓝碱红。如果想拥有蓝色的'无尽夏'，可以提前半年以上使用绣球调蓝剂，或者使用硫酸铝、硫酸亚铁等兑水灌溉。如果想要粉色花朵，可适当使用草木灰或者石灰。

Tips

/关于"射干"的
两重记忆/

（一）

德宝太太坐在井台边，抽着烟。那烟不是纸烟，是一个大烟斗，烟斗下挂着一个小烟袋，烟袋里装着自己种出来的烟丝。他缓缓地抽着，笑眯眯地看着我。

二十岁那年，我从学校回到老家，稀奇八怪地举着一个凤凰205B相机到处转来转去。我怯怯地说：德宝太太，我给你拍个照啊！他吐出一口烟，笑眯眯地点头。

镜头里的德宝太太穿着灰色的补丁叠补丁的粗布对襟衣衫，白色的胡子长得跟画里的仙家似的。

记忆里的德宝太太，一直住在低矮阴郁的泥胚房子里，房子前有一块黑色的、布满各种孔洞的怪石头。我从小对黑色充满敬畏，乡下的黑夜影影绰绰，夹着野狗的狂吠，我的恐惧总是无边无际。邻居家跟黑夜一样黑的老黑猫，总是在暗夜里闪着幽绿的眼睛，守在我家破旧的房门外发出人声一般凄惶的叫声。奶奶说黑猫是来查夜的，这时候不睡觉的孩子都要被抓去。我躲在被窝里屏气凝神，焦虑地等待黑猫去查别家的小孩。毫无疑问，这块怪异的黑石头也在我幼小的心灵里"咯噔"了一下又一下，每次不得不路过时，我总是莫名地加快脚步，仿佛多看一眼，它就会立即放出一个鬼怪把我抓走。

我不仅对黑夜充满敬畏，我对德宝太太也充满敬畏。德宝太太一辈子孤身一人。传说很早很早德宝还不是太太（太公）（注：其实应作"大公"，但村里人习惯性亲切地喊"太太"）甚至连爷爷都还不是的时候，就已然奄奄一息了，可正当盖棺定论之时，他却"忽"地坐了起来，惊及四座。我听这个故事的时候，正是黄昏上灯之时，树影人影映得到处影影绰绰。我换了个位置悄悄挤到大人中间，大人嫌我碍手碍脚。

听说死过一次的人，是要长命百岁的。果真，等我认识德宝太太的时候，他已经白须飘飘了。大人令我喊"德宝太太"，我喊了一声，他笑眯眯地看着我。我无端地有些惴惴，躲在大人身后不敢直视。

德宝太太家周围的地里种着各种各样的药草，抑或是烟草，还有会开橙色小花，花瓣上斑斑点点的美丽植物绕满房前屋后。那些拆天拆地的淘气包不知道啥时候得罪过他，总之，他见了孩子就跺脚吼叫，孩子们总是吓得四散逃窜。唯独见了我，他总是笑眯眯的，对着父母夸我懂事。我每天放学第一件事就去田边地头割草，偶尔背着一筐青草，路过德宝太太家的药草地，远远地看到他，我总是怯怯的。他坐在他的药草地头，敲着烟杆，笑眯眯地跟我打招呼，喊我"阿六家的登样（注：登样，方言好看、漂亮的意思）丫头！""阿六家的勤谨（注：方言勤快、勤劳的意思）姑娘！"

药草长着纤细的茎脉，纤细的叶子，跟我割的喂羊喂兔子的草大不相同。至于它们的用场，德宝太太难得也有说起，但我大都是没有记住，只记得后来我在竹林里逞强翻跟斗，把一个脚摔得肿成馒头，大人就是用那些药草捣成糊糊敷在上面给我"吊筋"。

大多数时候我的目光是落在德宝太太家路边那成片成片开着美丽橙色小花的植物上，尽管这并不是我第一次看到这种花，但这么多花聚集在一起，在一个没有见过比小镇更大世面的乡下小丫头的心里，这真是世界上最美丽的花。

我不是很确定这些世界上最美丽的花，是自己长出来的还是德宝太太特意栽种

的。德宝太太允许我挖两棵带回家，我受宠若惊。好不容易在边边角角找到了两棵掉队的小苗苗，连根挖了，塞在草篓。

回到家，我迫不及待把这两棵小苗苗种到了我们新房子的天井里，天井里我的阿六爸爸早已给我开辟了一个角落，专门供我种凤仙花、仙人掌、夜来香之类。

（二）

老家老房子前有一个池塘，各种大小、形状、色泽的石板铺成了下河的台阶。人们蹲在石板上洗漱、搓衣、淘米。那几级涨水就被淹没的台阶，往往长满青苔，踩在上面得小心翼翼，有时候，有长着后腿的超级大蝌蚪和你永远也别想逮到的小黑鱼误打误撞地上来。石板与泥岸交接的泥沼处，还偶有粗壮的黄鳝张着嘴探出头来。

池塘岸边是一排木槿，奶奶把木槿的叶子捋下来洗头，洗时滑滑的，洗完则又涩涩的。木槿花开出白色或者紫色的花来，花蕊粗粗的，缀满花粉。孩子们把毛毛虫一般的花蕊摘下来，忽地轻挠人的后脖子，被挠得人总是吓得一边尖叫一边跺脚。

沿着这排木槿是一个垃圾堆（确切的说更像是一个堆肥岛）。奶奶每天把各种烂菜叶子、稻草碎屑倒在这个垃圾堆里。等到农忙时，父亲就会把发酵过了的垃圾一担一担挑到田里做肥料。

谁也没有注意，在垃圾堆的内侧贴着木槿的地方无声无息地长着一丛茂盛的不知名的好看的植物。她们有着长长的书带一样的银绿色的叶子，梅子黄时到吃麻酱棒冰的日子，开着橙红色的斑斑点点的小花。这真是我童年里见过的最最美丽的花呀！

她们亭亭玉立，突兀在垃圾堆边，却没有人在意她们的存在，没有人关心她们的死活。因此她们自由自在地在我的记忆里活了一年又一年，也在我小学时候的作文里盛开了一次又一次。有时候我把她们写成水仙花，有时候我叫她们蝴蝶花。但不管我写成什么花，谁都没有来追究，也没有人来指正，她们总是默默地芬芳在我的幼稚的文字里。

知道这个植物的确切名称，过程有点长。那时候我不会谷歌，也没有百度，不像今天轻而易举就能找到想要的答案。

直到有一天，我从学生变成了老师，我在隔壁同事那里找到了一本辞海。我拿辞海干得唯一一件事情就是寻找这朵在我记忆里绕不开的花。终于不是很确定地有了她的名字：射干，鸢尾科，一种中草药。辞海里配有黑白的图片，花瓣上的斑斑点点清晰可辨。

　　我不是很确定，是因为这个名字和它的解释，不浪漫到让我有些百思不得其解。后来的百度和谷歌，也不容置疑地表明：射干，鸢尾科，中草药。只是一种药草，可这么久以来，我却一直视若珍宝！不知怎地，我有些小小的失落。

　　当我有了一个属于自己的小院子，并且塞满了各种花草后，还是想方设法把射干种到了院子。朋友告诉我，她确实是一种很好的花境材料，我的心情才瞬间明亮起来。至少，我从小的稚拙的审美没有被否定呢！

　　如今，那些人，那些事，已恍若隔世。只有那些斑斑点点的橙色的小花，还在风中摇摇曳曳。

/心中开了一朵向阳花/

　　我其实并不喜欢黄色这种高饱和度到让人精神分裂的色彩，作为长期假装"小清新"的我总是不由自主地联想到暴发户和古惑仔脖子里那条"闪瞎狗眼"的粗壮的金链子。当然，你得原谅，有时候我把院子搞得很黄很暴力，种满黄色的旱金莲月季花什么的，都纯属无心之举。你们知道的，我喜欢绿色、白色、粉色那一溜清浅得跟我一样毫无内涵又轻松的调调。

　　当然话也不能说太满，凡事总有点例外。就比如，我对金灿灿的葵花还是有点暴发户对金链子般的钟情的。这不，数数，时隔几年的今天，我又栽种了多个品种高高低低不下二十棵葵花，这还没包括我播了种却无处安生而送给别的姑娘的十棵高杆油葵。

　　我说过当年喜滋滋搬家入住这个所谓的"花园洋房"，眼见我的地盘被尊敬的长辈们"你种一株花我种一个瓜"的形式吓到花容失色，情急之下跑到炒货摊要下一把生瓜子，不管三七二十一种下三十棵高大的向日葵摇旗呐喊捍卫主权。

　　是金子总能发光，跟金子搭边的多半也会发光。我那三十棵向日葵金光四射，震惊四座，引来无数邻居驻足拍照。从此往后，小院不辱使命几乎年年夏天都是葵

春播的向日葵，夏天成熟，种子掉落，自己发芽生长。到了秋天，一株一口气又开出了二十多朵葵花。

'黑天鹅绒女王'，高杆。

'大微笑'，矮杆。

花的天下。我那奶声奶气的胖娃娃翘起小尾巴逢围观者便道：这是我妈妈的向日葵！现在还有老邻居跟我提起当年小院花事，我骄傲啊我的葵花！

后来的后来，我成功霸占院子，一生独孤求败，爱怎么折腾就怎么折腾，无人争抢。月季、铁线莲各种草花塞得满满当当，葵花不是见缝插针就是连针都无地可插，不得不消停了好几年。

话说对一种食物也好对一种植物也罢，那些莫名的欲罢不能的喜欢，大都是源自童年的深刻印记。我喜欢葵花大抵也是如此。

小时候，常常能看见散落在田边地头的向日葵，枝干茁壮，花大如盘，明晃晃地映在村庄翠绿的背景之下，给我强烈的视觉刺激，也毫无悬念地构成了我最初的审美倾向。

我小时候画的所有的花都长一个样儿：一个圆圆的花蕊，周围一圈花瓣，犹如一枚枚金光四射的小太阳。

后来但凡长得像太阳一样的花我都情有独钟，从杭白菊到玛格丽特，从南非万寿菊到非洲菊，从白晶菊到西洋滨菊我都惺惺相惜。我觉得花就应该是这个样子的，就算到了后来的后来，我遇见了铁线莲，喜欢"光芒四射"的单瓣还是多过"纷繁妖娆"的重瓣，我始终没有办法出离我的原生审美。

我喜欢葵花与我的老妈也是脱不了干系的。她是邻里一群当家主妇里最执着于种葵花的人。小时候我常常蹲在井台边的树阴里望着葵花眼放光芒。并不是我少年老成思考人生，以一个乡下蒙昧小丫头的智商并不够我思考葵花追逐太阳的意义，我只是焦灼地等着葵花结出饱满的籽实，好被我一颗一颗挖出瓜子来，好在某个我们姐妹都安分守己不招惹老妈的黄昏，她兴致高昂地为我们变出一锅香气四溢的炒瓜子来。

毫无疑问，这是我们物质并不丰沛的童年里极具诱惑的零食。我们姐妹常常把瓜子揣在衣兜，吃瓜子常常不吐瓜子壳，急吼吼一把一把往嘴里送，唯恐谁先吃完，就去抢对方那一份儿。结果一不小心，我就把藏在口袋角落、白天在教室讲台缝里偷捡来的比指甲盖儿还小的粉笔头一并送进了嘴里，"咔嚓"一股石灰粉的味道……爽到终生难忘！

不久，村口的小杂货店里有了塑料袋装的瓜子出售，巴掌大一袋，香气扑鼻。从一毛钱到两毛钱再到五毛钱，价格好像是随着我们年龄的增长水涨船高的。渐渐地，田边地头几乎没有了葵花的影子，老妈也懒得为我们几个只知道往小店跑的没良心的

'富阳金黄色'，1.2 米左右的个子，很适合小花园。

东西栽种葵花了。那朵明晃晃的花，终究还是在我的记忆里零落成了黄泥巴。

成年后去旅行，偶尔能在山坳里、农家前、草原木屋前看到记忆里那朵灿烂明媚的黄花。我一见这花总是毫不犹豫地精神分裂、欢呼雀跃，遇见青梅竹马的儿时伙伴估计也没这么心旌荡漾。终于有一年，我为了看成片成片的向日葵，坐了5小时的飞机折腾了几天，连呕带吐跑到了北疆的油葵地里，撒丫子过足了葵花瘾。

说来有时候难以置信，人真的会和一种花惺惺相惜。据说喜欢葵花的人多半都是不乐观的，画葵花的梵高割下了自己的耳朵，穿皮裤的汪峰把"向阳花"唱出了悲戚。这朵盛开在悲观主义之上的向阳花干净、明亮，每片花瓣的打开仿佛都有禅意，我常常被她治愈。

当然，远距离看一次葵花这种劳民伤财的事情，一辈子做一次就够了。余下的时间，安分守己在家种葵花也是好的。三四月份顺势播种，只要把瓜子小头朝下，保持泥土温润，九颗半瓜子都能出十棵苗。在春花繁盛的季节她们只顾默默生长，不劳烦心；在热到除了杂草都偃旗息鼓的三伏天，只有它骄傲挺立向阳盛开，好像生来是为这灼热而来。毫无疑问，这是"傻白甜"姑娘的标配植物，种吧。

无论人世给了多少考验，愿你始终向阳盛开。

葵花（富阳金黄色）花瓣凋零后，花盘切花，似乎也很美。

/ 小贴士 /

1. 向日葵的品种非常多，高度从 30 厘米到 3 米均有；花色
也丰富多彩，不局限于黄色；花型也不仅仅是常规葵花型。
江南花期从春末到深秋都可以实现。
2. 向日葵播种出芽率极高，记得瓜子尖头朝下插入土中。三、
四月份播种夏季开花，七、八月份播种秋季开花。

Tips

/忘掉薰衣草，
你只差一碗解药/

（一）

每次看到院子里的紫色穗状花卉，邻居朋友们总会毫不掩饰她们的兴奋：

"这是薰衣草吗？"

"不是，这是绵毛水苏！"

"这是薰衣草吗？"

"不是，这是婆婆纳！"

"这是薰衣草吗？"

"不是，这是鼠尾草！"

"这是薰衣草吗？"

"不是，不是，不是……"

在普罗旺斯的伦索勒，遇见了那片心心念念的薰衣草花田。

摄影 / 老猴

秋日，一院子紫色铺地，耀眼夺目。自此，我和邻居们的薰衣草情结，终于有了解药。

每每此刻，我家的那些绵毛水苏、婆婆纳、鼠尾草啊统统都哭成了一片紫色的花海，唯一一丛羽叶薰衣草和常年不开花的银叶法薰却在一边默默低下了头。果然，人人心中都有一片薰衣草，却人人难识薰衣草。

踏花归来，满身都是花的迷香。这薰衣草，光听名字就令人无限遐想，心驰神往。也不知从什么时候起，薰衣草，这三个字就深深扎根在了女孩们的心中；也不知从什么时候起，普罗旺斯成了女孩们心驰神往的圣地。我也毫不例外！彼得·梅尔的"普罗旺斯"三部曲成了我的圣经。

2008年秋天，我从北方草原旅行归来，途径司马台长城，忽然看到山脚下成片的蓝紫色花海，激动得拼命喊司机停车：薰衣草！薰衣草！然后，连滚带爬冲到地里，一顿搔首弄姿胡乱摆拍，以表达我对首次见到这么大规模的蓝紫色花海的激动之心。

我没有去过普罗旺斯，没有去过伊犁，也没有去过北海道，我跟大多数人一样没有见识过薰衣草的真容，甚至连现在花鸟市场里普遍能见到的羽叶薰衣草那时候也没见过。多雨湿热的江南不出薰衣草，这干燥冷凉的北方，我强行断定就是薰衣草生生不息的故乡了。

你看，那些穿着洁白纱裙、粉妆玉砌的新娘在花海里笑得多甜，我梦想有一天也能穿上这洁白的裙袂蹁跹在着无垠的紫色花海。

从此，我洋洋得意，从梦里笑醒，恨不得逢人就说我见识过了薰衣草的盛美。然而几年后，翻出照片一看，一个傻姑娘手握一枝宿根鼠尾低头弯腰喜不自胜在一片蓝紫色的花地里……

有一年，同事欢天地喜跟我说离家三十里有一片美丽的薰衣草花地，他将带着她美丽的新娘去拍婚纱照。我心中甚为疑惑。婚纱照拍回来一看，新娘美若天仙，他们口中令人如痴如醉的梦幻薰衣草却不知怎么地就变成了柳叶马鞭菊。

但凡见到蓝紫色的花海，管他鼠尾草还是柳叶马鞭菊，我们都爱管它们叫薰衣草。与其说我们总是错认花草，不如说薰衣草已经成为了我们心中紫色花海的象征。

我决定不辞劳苦跑到普罗旺斯，一睹薰衣草的真容。车子刚驶入瓦伦索勒的种植区，浓烈的迷香扑面而来，那想象了又想象的画面，真实地展现在眼前。

那一条条迷人的紫色花垄绵延不绝，那花垄尽头的老树和小屋旷世独立，那高远天空的落日和晚霞瞬息万变。要不是多了置身其中的浓烈的迷香，我一定觉得那是在

做梦。我穿着白色的衣裙又跑又跳，薰衣草粗硬的花秆把我的双腿割到伤痕累累也不管顾。人生梦境的实现，在所不辞，即便现在回忆起来都是满足到不能自已。

自此，我的紫色情结更加馥郁芬芳。

你怎么不种薰衣草？在经历了一百次"这是薰衣草吗？——不是！"的对话后，朋友邻居们对我这个老园丁难掩失望。

江南炎热潮湿的气候和粘腻的土壤实在满足不了薰衣草的种植条件，我也很无奈。尽管盆栽羽叶薰衣草、'蝴蝶夫人'之类，或者整一棵法薰棒棒糖，满足一下薰衣草情结，过把瘾就死，那倒是可以的。但要种出普罗旺斯、伊犁、北海道那种铺天盖地的灌木花丛的感觉，那基本上很难。

不过，这个世界的美妙就在于，人们总能创造出各种替代品，满足我们的欲望。来，让我想想……

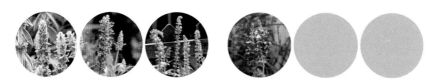

院子里的绵毛水苏、鼠尾草、婆婆纳……总是被邻居们给予厚望，当作薰衣草。

自从种了这个美妙的植物，秋天的花园似乎再也没有寂寞过。

（二）

终于，有一年的秋天，万物萧瑟，门前的樱桃树叶纷纷掉落。有人趴在我家花园的栅栏，指着一丛紫色迷雾般见花不见叶的植物，惊喜万分地问我：这是薰衣草吗？这该是薰衣草了吧？

我纠结了三秒，摇摇头，又点点头："是……莫奈薰衣草！"

"法国的吗？莫奈不是法国的吗？"

哎呀，哎呀，我脑壳疼。莫奈薰衣草，洋文名Mona Lavender，别命梦幻紫、紫凤凰、梦娜薰衣草，是艾氏（植物学家Ecklon艾克伦）香茶菜的一个园艺变种，由南非克斯顿保斯彻植物园中的园艺家罗杰·贾克斯1990年育成。这是我能搜到关于这个植物不费脑子就能看懂的基本信息。

国内园艺人通常叫它"特丽莎"，反正跟法国没关系，跟印象派大师克劳德·莫奈（Claude Monet）也没有任何关系，跟普罗旺斯的薰衣草完全不是一个种类，只是它散发出了薰衣草般迷人的光彩。

莫奈薰衣草，在江南露地栽种，夏天其实还是存在折损的风险，过高的气温，排水不畅的土壤，或大旱或大湿，再加上蓟马危害，稍不留神，就一命呜呼。冬天也不耐冻，零下气温就很危险，露地如果不种在阳面墙角，风吹霜打，基本也难以生存。

我说过，我喜欢不怕冷又不怕热的植物，但不怕冷又不怕热的，多半是树；所以我退求其次，怕冷不怕热也行，怕热不怕冷也成，两头都怕的我也基本不种。但莫奈薰衣草除外，谁叫它又叫"特丽莎"呢。特别例外那啥！

好在，作为一棵香茶菜，自带"菜"好活好种的属性，随手打顶，随手扦插，即插即活，只要注意保持湿润，不暴晒，没有不活的道理。不仅如此，它还是一种速生植物，春天扦插，秋天就能开爆花。在我家，最夸张的种植是，三个枝条不断打顶繁殖，最后长势就达到一个多平方米的面积，花开盛时，见花不见叶，阳光下一片紫雾美到不可方物，花园里其他被误认为薰衣草的植物都抵不上它花开的繁盛和耀眼。

在江南，此花花期不断，十月尤盛，绵延不绝，直到风霜侵袭。即便露地栽种，三九严寒冻成冰雕，也无需牵肠挂肚，只要盆栽扦插备份在阳台或者阳光房，来年下地，又是铺天盖地。

秋日，一院子紫色铺地，耀眼夺目是我的理想。自此，我的紫色薰衣草情结，终于有了解药。

至于它是不是真的薰衣草，至于它属于香茶菜属，还是延命草属，是叫"梦娜紫"还是"特丽莎"……都不重要，重要的是：它就是这么一种惹人喜爱的花园植物！那真是上天赠给园丁的礼物，不不不，是伟大的园艺家赠给这个世界的美好礼物！

/ 小贴士 /

1. 莫奈薰衣草地栽，夏季炎热生长缓慢，需水不能干旱，但谨防排水不畅。
2. 夏季最易遭受蓟马侵袭，夏末记得及时打顶减轻病害促进新芽。
3. 夏末转凉，生机恢复，每周一次高磷钾液态肥追肥，待十月开花。
4. 冬季，记得盆栽扦插备份在阳台或阳光房。

Tips

Part 5

美，是一种责任

懂得惊呼，懂得赞叹，懂得欣赏，是自然给予我们的恩典，是上天赠予我们的额外的技能，能让我们更好地去感知这个世界的美。这些美的种子值得我们去浇灌和呵护，不因为岁月的增加，而蒙上太多的尘埃。

生活，不应止于眼前的柴米油盐。适当和现实保持距离，放下一些功利的念想，你才有可能幸运地成为那个更多地看到这个世界之美的人。

花是美的象征，园丁是美的使者。我们有幸成为园丁，有幸成为那个看到世界更多美的人。那么，我们也有责任让这个世界更加美丽、更加美好！

站在同样的风景下、生活在同一个世界里，能看到一个更美的世界，你是何其幸运！

/遇见美，何其幸运！/

（一）

夏天的时候，有朋友从北方大草原旅行回来。我随口问感觉如何？他却道：第一天还新鲜，茫茫大草原，到了第三四天就腻味了，到处是一样的风景，想搓麻将都找不到人，没啥好玩的，哪里都不如我们自己这边好。我大笑，果然是恋家的好男人。

凭借我多年前对草原的记忆：天蓝蓝，云悠悠，阳光穿过白桦林，牛羊成群野花开，策马扬鞭风猎猎，想来还是心驰神往，三四天应该还没有看够天上的一朵云吧。忽地，我心里暗暗生出了一种化险为夷般地庆幸：还好我没有白去！

有一次，我和一群旅伴在喀纳斯湖畔的石阶上发呆说笑，只觉得这个世界怎么可以这么美，大自然怎么可以这么美；云也美，水也美，这也美那也美，尽管一路颠簸晕车晕到七荤八素、水土不服边吃边流鼻血，还是觉得妙不可言、不虚此行。

且听边上有一位男士颇为沮丧地说："风景没来的时候想着很美，来了之后发现也不过如此。"我甚为惊讶。花了上万的旅费大老远跋山涉水到这里，最后发现自己魂牵梦萦的地方与自己的想象出入太甚，这是怎样一种失落的心情？我"忽"地又万般地庆幸起来：还好我省吃俭用的旅费没有白花！

站在同样的风景下、生活在同一个世界里，能看到一个更美的世界，你是何其幸运！

（二）

记得工作第一年暑假，单位组织去厦门旅行。我们坐着绿皮火车，悠悠前行，

懂得惊呼，懂得赞叹，懂得欣赏，是自然给予我们的恩典，是上天赠予我们的额外的技能，能让我们更好地去感知这个世界的美。

看着不同于江南的岭南风景，我和跟我一样年轻的配班生活老师激动地一路都在欢呼，17个小时的车程瞬间变得短暂而又有趣。列车员教训我们没见过世面瞎嚷嚷，他们来往于这条线上无数次，对窗外的风景熟视无睹。我们却新鲜得像没见过世面的孩子，一切都觉得妙不可言！这是我第一次感到对世界保持新鲜是一种幸运。

记得去年尼泊尔旅行的时候，"哇，好美！"成了几个同行伙伴嘲笑我的口头禅。因为我到哪里都会不自觉地发出"哇，好美"的赞叹！我一路坐车哇哇呕吐，一路又看着车窗外的三角梅、木棉花惊叹不已。到旅行结束，整队伙伴总是先我发出"哇，好美！"的赞叹来揶揄我，让我哭笑不得。看过千山万水，依然能保持对世界的新鲜，那是件多么幸运的事情。

我很喜欢那些趴在我家花园栅栏像发现了新大陆般惊叹的小孩子们，不是因为他们赞美我的花朵，而是他们拥有最原始最由衷的赞叹的能力，不是为了讨好我，也不是为了得到它。

懂得惊呼，懂得赞叹，懂得欣赏，是自然给予我们的恩典，是上天赠予我们的额外的技能，能让我们更好地去感知这个世界的美。这些美的种子值得我们去浇灌和呵护，不因为岁月的增加，而蒙上太多的灰尘。

（三）

常常有人站在我的小院门口苦口婆心地跟我讲："你怎么不种菜？这地方全种菜不就菜也不用买了吗？花只能看看又不能吃，有什么用？"倒不是我真的有多排斥种菜，菜也曾种过不少，只是我有自己的打算。但因为我总是不按他们的喜好操作，常常被说成是"仙女"。

很多人心中，门前的一片海总是抵不过屋后的一片菜。什么都要从实用、有用出发，这个世界的美又要怎么去领悟和创造呢？

生活，不应止于柴米油盐。适当和现实保持距离，放下一些功利的念想，你才有可能幸运地成为那个更多地看到这个世界之美的人。

生活，不应止于柴米油盐。适当和现实保持距离，放下一些功利的念想，你才有可能幸运地成为那个更多地看到这个世界之美的人。

/美，是取舍/

看我捣腾了几年院子后，朋友终于忍不住也换房造园了。她的热情比天还高，看这个花美，看那个花也好，红的、黄的、紫的、橙的、粉的、白的，一副气吞山河恨不得整个苗圃往家里搬的架势。我总是劝她悠着点，问问自己到底喜欢什么再下手。她一脸无辜：我都喜欢！

好吧，得承认，一个热情似火的新手园丁总要释放她的热情，总要经历这样一个以"种满"为第一要务的暴发户时期。所以，即便别人劝解、打击，都是白搭。园艺是实践的艺术，条件允许，那就尽管去折腾吧。

常常有人跟我说：你家院子的色彩好和谐！你家院子的色彩好节制！你家院子好清新！你家院子我好喜欢！你是怎么做的？

我常常跟朋友们说：做法其实很简单。就是问问自己想要怎样的花园？怎样的色彩？然后问问自己，什么样的植物、装饰可以帮我达成这样的心愿？然后就慢慢地去尝试摸索。

对我来说，我需要一方疗愈的空间，清新的，浪漫的，轻松的，明亮的。所以我的院子硬装都是白色的，软装是薄荷绿的，或者粉红的；植物以暖橙色、粉色、淡紫色等柔和色系为主，偶尔一些高饱和度亮色点缀；且在某一时段内，尽量保持一个区域的色系一致。

"我需要的不多"这个想法一直贯穿我园艺甚至生活的始终，我真心觉得一个小院子的需求是极其有限的。当然这里面，多多少少有被捉襟见肘的财力束缚，容不得我随心所欲；其次院子也不大，植物需求量不高，因为我知道只要静心呵护，一株植物占去的空间往往很大；再则上班族加上单亲妈妈，也匀不出精力照顾太多的花花草草。

对我来说，我需要一方疗愈的空间，清新的，浪漫的，轻松的，明亮的。所以我的院子硬装都是白色的，软装是薄荷绿的，或者粉红的；植物以暖橙色、粉色、淡紫色等柔和色系为主，偶尔一些高饱和度亮色点缀。

当然，一个花园从无到有，要说，一点贪念没有，那也是假话。多少我也经历过一心想要种满的阶段，也有过五彩斑斓，但总的来说由于我性格及现实条件的制约，让我自始至终没有成为暴发户。这也好，歪打正着，以至于后来经验慢慢丰富，花园日趋成熟，优胜劣汰后，也不需要做太多的减法，少了壮士断腕的疼痛。

　　"喜不喜欢"这是我选择植物的第一原则。对我来说，喜欢一种花，喜欢一种植物，都有自己的考量。不管别人说这个植物有多美，不管这个植物多流行，若不是我自己心动，谁也打动不了我。我有强烈的个人意志，习惯尊重自己的想法，来不得半点勉强。要什么不要什么，就像我的个性一样爱憎分明。比之这个也想要、那个也想要的情况，这个不喜欢、那个不想要的状况，更多一些，要不然我也不会"注孤身"。

　　我有我的坚持。好几年前刚开始折腾，院子还没多少植物，邻居看不下去了，悄悄在我家花园门口放了一丛不知从哪里挖来的植物。我一看，这是我内心特别忌讳（不是讨厌，是忌讳）的植物，就悄悄种到了离家较远的绿化带。不想隔了几天，热情似火的邻居看我院子没有种植这丛植物的迹象，又悄悄在我家门口放了一丛……如此三个回合，终于被我委婉拒绝。后来的后来，我回赠了他很多我家的小苗，当然都是他看中的。所以，后来每次我想赠人花草的时候，我也会想想，这个是不是别人真心需要的，否则，不仅起不到礼物的作用，还徒增他人的负担。因为即便别人没有，也不见得别人需要。知道自己需要什么，这也是我们作为园丁太需要学习的功课。

　　也许你要说：我也是按照我自己的意志来的，我的意志就是我什么都喜欢。当然，博爱也没错，百花园里毕竟是要百花盛开的，但就像不是每个喜欢的人都要嫁给他一样，选择花草的时候一定也要再问问：这是我需要的吗？需不需要，是我选择花草的第二条原则。

　　有一次，朋友让我去她家看看，说院子植物也不比我家少怎么就整不出我家的效果呢？我一进门，蔷薇的种植密度就着实把我吓了一大跳：差不多二三十厘米一棵，一棵挨着一棵，四米左右的花墙数数，足足十几棵，密密匝匝，却都瘦弱不堪。我说这堵墙，三棵不嫌少，四棵差不多，五棵是极限。你需要的，真的没那么多！

＊注孤生（网络语：注定孤独终生）

在某个时段内，尽量保持一个区域的色系一致。

另有一个朋友，一百多平方米的小院，一个春天买了五十棵无尽夏绣球，跟我说特别好看，不过过完夏天，因为都原封不动地种在买来的塑料盆里，没有顾上浇水全部干死了。我被这种操作吓到颤抖，我说如你这般种花，我非倾家荡产不可。

确实，比之房产、汽车、LV，很多人觉得花苗如此便宜，买起花来毫不手软。月季一口气大几十棵，哪棵苗大就选哪棵，一棵月季上千，一盆无尽夏八百，每一次我都看得目瞪口呆。要是能长长久久养活下去也就罢了，但总是越养越瘦，最后不了了之，然后再进行新一轮疯狂购买。

朋友们也跟我抱怨：我也不想这样，我的钱也是辛辛苦苦挣来的。你不是说，谁不是踏着一些植物的尸体走过来的吗！确实，对一个植物毫不了解的新手，不把花养死也属不易。

但植物是生命，不是衣服。养花享受的不是购花的愉快，而是细心呵护让生命更加绚烂的欣喜。我想如果真正想要成为一个园丁，一定要耐得下心来。在我看来，植物在家庭小花园的消费投入，比之硬装、泥土和盆盆罐罐要少得多。我家为数不多的月季，大部分都是朋友扦插后送我的，送我的时候就如牙签一般大小。从一棵小苗，到花开繁盛，我常常被这种生命力震撼。

以上很多都是一个还没入门的新手的状况，但如果一个打理了很多年的花园，不再以"满"为第一要务，而是以"美"为追求，那是时候做出调整了。

但是好不容易养大的花花草草，要做减法好比心头割肉，有时候甚至比去买新的昂贵的花草更让人心疼不已。因为这里面倾注了你太多的时间、精力、金钱，就好像都是自己的孩子一般。但不懂得舍去，就没有办法得到。合不合适，是我们去留的原则。

断舍离很难，控制我们的欲望更难。因为各种新品总是层出不穷，诱惑那么多，攀比那么多，恰巧你的钱也足够多。你会急着加入各种团购群。只要别人有的，你必须得有；你没有，你就不安全，你觉得跟不上大家的脚步。你必须拥有它，哪怕堆得像个苗圃，哪怕像个杂货仓库。你还会为此为自己找出各种合理化的理由：什么养花人每种植物都需要了解一遍、这款杂货可以提升花园的格调等等。有一部分朋友确实是有了解植物的需要，然而大部分的你并不是；即便你没有这款杂货，其实对于一个空间，出入也许并不明显。只是，你无时不刻不把生活的焦虑投射到了园艺上。

我的取向、审美、甚至我内心的束缚与制约都呈现在我的院子里。那是我的标签。我不完美，但我就是我。

花园的美，不是你的花和杂货有多贵，也不是你的花和杂货有多多，而是它们在一起，有多么和谐和舒服。这个世界真的不缺多而全，只要你投入越多的金钱，大部分的花草、杂货你都能尽收囊中。但是，你的特色、你的辨识度，依然模糊不清。

仔细考量，也许我们不仅仅在植物上不能取舍，在其他物质、精神、情感上也难以取舍。而追溯过往，也许我们的童年有不被满足的强烈渴望，也许我们人生路上有太多被控制和不能自我主张，所以当我们有能力自我掌控的时候，就会像暴发户般迫切地需要满足自我。

园艺是一场修行。通过园艺，我常常会觉察到自己内在的运行模式。而我的取向、审美、甚至我内心的束缚与制约都呈现在我的院子里。那是我的标签。我不完美，但我就是我，高辨识度的我，独一无二的我！这就够了！

/ 小贴士 /

1. 尊崇自己的内心，不要盲目从众，寻找适合自己的花园风格，独一无二才是你最好的标签。
2. "别人有，我也要。"这个不是我们取舍的标准。园艺是创造美的存在，以美为准绳，对花园进行合理的删减和调整，是我们一直要做的功课。

Tips

摄影 / 迷雾

花，是美的象征。园丁，是美的使者。和花在一起，不仅视觉变得美丽，我们的心情也会变得美丽。相由心生，人自然也是美的。

/ 园艺，让我更美丽！/

有一次去外地参加一个学习班，大家得知我种了一院子的花花草草，纷纷来跟我谈论养花种草之事。这么说，园艺真是一个有意思的东西，一群并不熟悉的人，往往因为有了这个津津乐道的话题，一下子就好像成了老朋友。

聊着聊着，一位姐姐忽然一把抓起我的手，疑惑地说："不对啊，你家的花都是你种的？你这手这么白这么嫩，不像下地干活的呀？"旁边另一位姐姐打掉她的手说："你以为真的是我们小时候的农村大婶儿，人家干活不戴手套？你看她整个人都像个小公主！"我一脸傲娇："我若不种花，恐怕今年赛十八！"此话一出，差点被一顿粉拳暴打，幸好大家伸出手臂一比较，我也毫不逊色，于是都叫着喊着要跟我一起种花！

嗯，我常常忽悠人种花。一般看了我社交平台发布的那些小清新小美丽的园艺照片，就天天有人缠着我要跟我学种花，跟我学造园，天天留着口水发誓要向园艺界进发。我也常常费尽三寸不烂之舌，到处指点江山。我家盆盆罐罐里的花花草草，因此不是被洗劫一空，就是被疯狂打顶、扦插繁殖。但是好景不长，不出一年，轰轰烈烈就变成偃旗息鼓，姑娘们连空花盆带泥土都恨不得送回我家：反正怎么也整不出你家风采，要不你送我几盆现成的吧！

啧啧！我动用了十八班武艺鼓噪，得来这么一个结局。于是，又心生一计，决定牺牲自我色相，在朋友圈微博狂刷我长发飘飘、白裙翩翩、流连花间的照片，或噘嘴或卖萌，处处标榜自己养花：切花自由、发朋友圈九宫格无限自由！果然，成功色诱一大片美娇娘！

但是好景还是不长，一把娇滴滴的姑娘，十指从未沾过阳春水，整天担心新做的指甲会破掉，刚做的美容不能见太阳，太阳晒多了长斑会变老，一挥锄头手臂会变粗，一有虫子受不了，唯恐跟泥土接触久了自己也越来越土。说好的每天手执莲花，白裙翩翩流连花间，谁知道还要起早贪黑，干些粗活笨活；说好了要当小公主，怎么让我做公仆？还是春天我到你家来拍美照吧。于是乎，每年春天我家花园门槛都被挤破，没挤到的还要把我数落。

比窦娥还冤的我面壁思过：是我花种得不够美，还是我长得太丑陋？不对啊，我常听的话是这样的：比如某一日，我在花园劳作，一个路过的阿姨大呼小叫地冲我喊：这个院子太美啦！这个主人怎么是个小姑娘？！每次听人喊我小姑娘，我总是头上冒汗，心下暗爽：40岁资深少女，大言不惭！又比如有天一个记者朋友跑来看花，问独自在家的少年：你姐姐是否在家？气得少年往后每次都要询问他的着装是否符年龄，以免被人误认为我弟弟！嗯哼，傲娇脸：这么说来，养花至少没有让我变得苍老，我心虽则有时候是男儿心，我身始终还是那个娇弱的女儿身。所以，尽管放心，养花种草，难免风吹日晒，难免累到趴下，但你不会变异：你美若天仙依然美若天仙，你若不美，近朱者赤，近花者美。

忘掉黝黑的肌肤，忘掉粗糙的双手，忘掉苦大深仇的想象，那不是养花人真正的模样。如果你看到的园丁真如此，那我敢肯定他们都是园艺卖家！这不，方法总比困难多。怕晒，我们有防晒霜、有帽子、有口罩，干一次活，汗流浃背，犹如全身排毒；害怕手变得粗糙，我们可以双手抹上护手霜，薄膜手套加上防水手套，干一次活等于做了一次手膜。每每劳作完毕，长久面对电脑手机的萎黄憔悴烟消云散，肌肤光彩重生。

嗯，我如此这般坚持忽悠，被我怂恿坚持种花并且得到乐趣的人越来越多。一小小姐姐挥舞着小铲子一边种花一边对我说："你身上没有中年的气息，一半是你天生，一半是你养花的功德。自从跟你养花后，我的内耗变少了，夫妻关系也改善了，全家好像都找到了共同奋斗的小目标。你有没有觉得我也变美了？"

花，是美的象征。园丁，是美的使者。和花在一起，不仅视觉变得美丽，我们的心情也会变得美丽。相由心生，人自然也是美的。

我常常说，园艺是一场修行。很多时候，我们吃再多的保养品、做再多的美容措施，却无法掩盖负面情绪和生活压力带给我们的焦灼和憔悴。而在和自然、和泥

摄影 / 宋杰

心无挂碍，美自天成。尽管有时我们也会蓬头垢面，尽管有时难免留下劳作和岁月的痕迹，但对生活无比热爱的精神之气，犹如万丈光芒，点亮我们的生命。

土、和花草亲密接触的过程里，在专心致志地体力劳作里，我们不知不觉释放了愁绪和压力，不知不觉获得了心灵的宁静。这种劳作和沉淀的过程，和瑜伽和身心灵修炼的静心练习有异曲同工之妙。

心无挂碍，美自天成。尽管有时我们也会蓬头垢面，尽管有时难免留下劳作和岁月的痕迹，但对生活无比热爱的精神之气，犹如万丈光芒，点亮我们的生命。

来吧，姑娘！一起种花吧！

/ 小贴士 /

1. 不是灰头土脸才是一个合格的园丁，劳作时记得护手、防晒、防尘最重要。
2. 干活前务必双手抹上护手霜，戴上手套才开始。厨房用洗碗塑胶手套，用来种花比其他园艺手套更加实用方便。
3. 有呼吸阀的防晒口罩极力推荐。

———————————————————— Tips

五洲百合'小小的吻'

/为什么一个园丁要拍照？

一个园丁之所以要拿起相机，并不是仅仅为了去发个朋友圈获得一通赞美，更多的是通过镜头去学会欣赏一朵花一束光馈赠给我们的美，通过镜头不断去调整花园的布局和色彩，打造出一个更加满意的空间。

据说，一个优秀的园丁，不仅花要种得好，还要种得美；不仅花要种得美，还要花境组合得美；不仅一季美，一年四季都得美；不仅植物美，硬装软装都要美。不仅如此，最好还能十八般武艺，身怀绝技，花工、木工、油漆工集一身，花艺、厨艺、茶艺样样精通。如果再来点琴棋书画诗词赋，那真是锦上添花。如果这实在勉为其难，那有一样赶鸭子上架，你也得硬着头皮上——拍照！

有人说，一个不会摄影的园丁算不得合格的园丁。也是，不然，你整那么美不白瞎嘛！

（一）

园艺是实践的艺术，也是时间的艺术，时间永远在流逝。花园的精妙就在于它每一年每一季每一天每一时都在不停变化。不管你是老巫婆还是小仙女，谁都无法让花园定格，除了照相机。

也正因为如此，拍摄才会变得有意义。如果没有照片的定格，园丁永远也没有办法回过头来向我们还原当时花开的盛景和阳光沐浴的璀璨，以及胜过花开的怒放的心情。

　　每每回看自己微博、微信记录的点点滴滴，我常常会被自己曾经拍摄下的画面震惊不已：这真的是我亲手栽种的花草吗？这真的是我自己创造的世界吗？要不是这么勤勤恳恳的记录，你永远记不住花开的世界有多美，你和花草一起创造的世界有多美！这大概是我每年不知疲倦摁下成千上万次快门的动力之一。

（二）

　　一个园丁，最享受的时光大概就是端起相机不断寻找合适的角度，记录花园的锦绣光年。我常常劝我的朋友们，不管如何都要拿起相机，并不是仅仅为了去发个朋友圈获得一通赞美，更多的是通过镜头去学会欣赏一朵花一束光，通过镜头不断去调整花园的布局和色彩，打造出一个更加满意的空间。

　　我们常用"美到如诗如画"形容一处景致之美，目光所及，都能像画一样美，那应该是我们造园追求的极致。常常拿起相机的人，就会有深刻体会：在现实里难以察觉或者被忽略的部分，在画面里却往往一览无遗。每一帧照片都像一个放大镜，不留情面地检视着我们打造的每一处细节，这里不合理，那里不合适，这里太空，那里太满……如此，逼迫我们不断去调整和改进。如此，我们对画面感的把控越来越有经验。而画面感，是我们打造美好空间不可或缺的"心中丘壑"。

（三）

　　很多朋友总是跟我说，你拍的照片怎么这么美？你用什么相机什么参数？我每每说我只有一台十多年前购置的尼康D80套机，也不是很懂参数，多半都凭感觉时，往往令大家很是失望。毕竟，感觉是个很玄的东西。

　　摄影是我们内心的表达。我常常跟人说，一张照片往往包涵着我们的三观。我们的审美、我们的取向、我们的好恶，我们走过的路、看过的电影、读过的书，如此等等都不偏不倚反映在我们拍摄的照片里。一个园丁，如何去欣赏一朵花，读懂一朵花的美，远比谈摄影技巧更有意义。

　　不同的角度，不同的时间，不同的位置，同一株花也会呈现不同的美。横看成岭侧成峰，远近高低各不同，我们要习惯从不同的维度去欣赏一朵花。

　　摄影是光与影的艺术，不同的光照可以赋予花朵不同的意义。早晨的光是嫩

每一道光都有意义。

你说我种花无非就是想拍点自己和家人朋友的美照丢到朋友圈去获得一通赞美，那又有什么关系。你尽管去噘嘴卖萌，去优雅骄傲，无论你爱闹还是你爱笑，反正这是生活对你的奖赏。

的，正午的光是烈的，傍晚的光是暖的。那些被不同的光照着的花，照着的叶，照着的新芽，好像是上天赠予我们的礼物。懂得一株花的美，善于抓住它最美的瞬间，才不辜负它对你无私绽放的恩典！

为了捕捉最佳的光源，我常常一边劳作一边把相机备在一边，在花匠和摄影师之间随光切换。因为，没有在最好的光里拍摄花的美，就像没在最好的年华遇见你！

（四）

一个园丁为什么要会拍照？无论我上前面说得多么激情、深情和抒情，应该都敌不过下面这一条。

当你经历严寒酷暑的打压，虫虫怪怪的恐吓，风吹日晒的劳作，终于拥有了一个繁花盛世的春天，拥有了一个如诗如画的世界，作为一个以美为第一要务的视觉系园丁，你最想干什么呢？

我常常想，一个花园的灵魂不是别的，而是那个亲手打理花草的主人。我们常常费尽周章去景点拍照打卡，自己创造的如此美的背景置之不用，是如何的不可理喻？而我常常会生出这样奇怪的想法：如果四月还没有给你自己在花园拍摄一帧臭美的照片，就好像一件大事没有完成；如果春天过了，都没有给自己留下一星半点装模作样的照片，那这一季的花都白种了。即便一时半会儿找不到一个人可以给自己拍照，自己也会努力长出一种新技能——相机延时自拍。只要你内心想要，园丁总是无所不能！

而能让我的至亲好友，见证我的美好，在我的世界里留下最美的光影，也是世间乐事。我也常常在镜头里看见花园的成长，看见大家的变化，看见看岁月的流动。他们走后常常也会给我开辟新的副业，收集有人落下的发带，有人落下的项链，有人落下的盘子，有人落下的水杯。她们却常常振振有词：我什么也没落下，就落下一个花园！

家庭园艺，原本就是让我们的生活更加美好。你说我种花无非就是想拍点自己和家人朋友的美照丢到朋友圈去获得一通赞美，那又有什么关系。你尽管去噘嘴卖萌，去优雅骄傲，无论你爱闹还是你爱笑，反正这是生活对你的奖赏。

一株花可以疗愈心灵，一帧美丽的照片也可以抚慰人心。一个园丁把这种美好分享给更多的人看见，让更多的人因此而亲自去参与一朵花的成长，去感受花开花落的意义，那也不失为一种福德。都说，此生种花，来世漂亮来着。

/ 小贴士 /

1. 花草逆光拍摄，最能表达清新和"仙"的感觉。
2. 各种时段的光都要去尝试拍摄，培养对光的敏感度。
3. 拍摄构图最基础。注意画面主体及轻重平衡，前景、中景、远景比例合适，可以从九宫格构图开始。背景线条保持横平竖直，可以让画面看起来更加稳定舒适。
4. 一年有上万张拍摄经验的积累，你的"感觉"就会越来越好。

Tips

/心有慈悲，万物皆美/

身边跟我同期折腾花花草草的人，因为这样那样的原因，大部分已不再那么执着。朋友说：都说新造茅坑三日香，没想到最可能顾不上（花草）的人成了最坚持的那一个。我跟她说，因为我一直在造茅坑，所以茅坑一直香。

其实，园艺于我而言，就像是一场修行；花园，于我而言，就像是我心灵的关照。这些年，看似我花了很多力气辛辛苦苦折腾了一个花园，其实更多的是，这个花园滋养了我的生命，为我筑起了一个更为丰盛的世界。

一草一木，看似微不足道，却总能真真切切地让我感受到生命之美。她们像极了上天赠予我的一本书籍，蕴含着无数的真谛。我常常不自觉地把她们当成我的同类，当成一个个有独立品格的生命体，而每一个独立的生命体都让我心存敬意。

我常常在冬天，看着黑乎乎光秃秃的泥土发很久的呆。我常常在思索，这波澜不惊的泥土下是怎样的暗潮汹涌？这些被埋下的球根，在泥土之下需要经历怎样的挣扎，才能冲破这层层的黑暗，到达这光明的世界？

不管冬天下了多久的雨，不管泥土被雨水压得多么紧实沉重，也不管外面如何喧嚣，也不管别人家的花草是否早已花枝招展，她们只管积蓄力量，只管不慌不忙，按照自己的节奏，等待冲破黑暗的那一刻！每一条裂缝，都好像是她们生命弱小而又磅礴的证据！我常常被这种生命的力量震撼。花草之美，不仅仅是你看得见的花枝招展，更是你看不见的力量与倔强。

我家的蓝雪花如今开得声势浩大，路人都在赞美她，但谁也不知道她曾经差点连命都没有保住。多年前，花园被一场前所未有的寒潮侵袭，对扎根还不深又不够耐寒的地栽蓝雪花来说，几乎是一场灭顶之灾。地面部分全部冻枯，地下部分生死未卜。过完整个三月，都看不到一丝复活的迹象。眼看其他的植物繁花满枝，我下定决心重新再置一棵蓝雪花，忽然地，地下抽出了一枝嫩绿的新芽。

那一年的夏天、秋天她几乎没有机会开花，因为它变得十分弱小。等她终于抽出几个像样的枝条，寒冷的冬天又再次袭来……如此折腾了几年，今年的秋天，她才前所未有的暴发。

我曾经也是那棵被寒潮侵袭的蓝雪花，一次次经历风吹雨打。我曾经在蓝雪花艰难地抽出第一个新芽的时候，艰难地练习着呼吸，练习着说一句话完整话。"永远不要放弃希望"，是蓝雪花给我的箴言，也是一个生命传递给另一个生命的信仰。

我曾经把一棵甘蓝的主干不小心折断，于是她意外变成了别人求之不得的多头

熬过一次次风霜雨雪，蓝雪花开得一年比一年灿烂而盛大。

我常常在冬天，看着黑乎乎光秃秃的泥土发很久的呆。我常常在思索，这波澜不惊的泥土下是怎样的暗潮汹涌？这些被埋下的球根，在泥土之下需要经历怎样的挣扎，才能冲破这层层的黑暗，到达这光明的世界？

甘蓝。我们也常常会给矮牵牛、玛格丽特等草花打顶，于是这些草花有了更多的花枝，有了更美的绽放。永远不要失去希望，无论是遭遇挫折，还是壮士断腕的变革，都是生命赠予我们的"让我们从此变得更加丰盛"的礼物。

我家的白晶菊、角堇总是满地生长，自成花带，成为别人口中诗意的存在。其实这些都是掉落的种子自己长成的模样。园艺久了，如果你像我一样不老想着翻新植物的花样，那么种植会变得更加轻松。三色（角）堇、白晶菊之类的小花小草，有着很强的自播能力，她们悄悄掉落的种子，只要你有足够的耐心，她们总会在冬天来临之前悄悄从土里探出头来。偶尔个别节奏慢的，也会在来年的春天拼命挤出脑袋。她们落到哪里长到哪里，即便在楼梯壁的裂缝，砖石小路的缝隙，都能自己生长，自己开花。

此刻，我才理解：真正的随遇而安，不是听天由命，而是我在此处，竭尽全力。你永远不知道，那颗微小的种子，在你看不见的地方，经历过怎样的煎熬，对水对土有过怎样的渴望？身处贫瘠，却依然对生命抱有热情，依然全力绽放，好像这就是她作为生命的责任。

常常有人跟我留言，羡慕我的无牵无绊，羡慕我想做什么就去做的痛快。我想说，没有谁的人生不负重，要说人生起伏罄竹难书，但成年人得为自己负责。

"随遇而安，竭尽全力。"无论在哪里都要有让自己幸福的能力，无论在何时都要让自己像花儿一样尽情绽放！这是花草对我的箴言，也是我对生命的虔诚与赞颂。

……

最初喜欢花，无非是因为花的颜值；最终热爱一草一木，是因为一草一木都在唤醒我的灵魂。我看她们的世界，就是我看自己的世界；这是我走向万物的通路，也是我走回自己的心路。

我的心理学导师总是提到：身心合一，天人合一。我想这就是我对"合一"的理解和践行。因为懂得，所以慈悲。因为慈悲，万物皆美！

真正的随遇而安，不是听天由命，而是我在此处，竭尽全力。

最初喜欢花，无非是因为花的颜值；最终热爱一草一木，是因为一草一木都在唤醒我的灵魂。
我看她们的世界，就是我看自己的世界；这是我走向万物的通路，也是我走回自己的心路。

Part 6

十二月花事手帖

一月花事

1. 球根应尽快栽种完毕，它们会陆续拱出地面。

2. 尽快在一月中旬之前，完成月季、铁线莲等埋冬肥与修剪工作。

3. 耐寒植物如角堇、甘蓝、银叶菊、姬小菊、仙客兰、紫罗兰等可进行组盆，提升观赏性。

4. 预订春植球根，如百合、萱草、大丽花、新落妇等等。

5. 一年最寒冷之时，注意防寒防冻措施，旱金莲、天竺葵之类提前入室。

二月花事

1. 折腾了一年的园丁，此时总算安定下来。仙客兰、文心兰、蝴蝶兰、长寿花、水仙等等适时开放，热热闹闹迎接新年。

2. 天气乍暖还寒，盆栽植物尤其是怕冷的植物，仍需注意控水和防寒防冻。

三月花事

1. 球根植物开始纷纷出土、孕蕾、开放，矾根色彩更加绚丽，角堇开始爆盆。草花、月季、绣球等等开花植物液态肥全面跟进，根据植物的长势，肥料从高氮复合型到高磷高钾复合型转变，每周一次，薄肥勤施。

2. 月季、铁线莲开始抽枝萌芽，注意防风及时绑扎。

3. 百合旧球开始拔节长个儿，新球开始陆续到货，及时栽植。

四月花事

1. 秋植球根花期陆续结束，草花、月季、早花铁线莲迎来花期高峰。记得拍照，记录花花草草的美，也记录花园的成长和你审美的变化。

2. 白晶菊、角堇、旱金莲、玛格丽特菊等等各类草花注意修剪残花，一期花过后注意追肥，花卉型液态肥和磷酸二氢钾家中常备。

3. 注意防虫防病，黄板、蓝板挂起来。

4. 大丽花、落新妇等球根开始到货，安排种植。大丽花江南地区种植请抬高花床，保证土质疏松、排水良好。

五月花事

1. 一年最繁盛的时期，所谓人间四月天(农历)。花园目不暇接，相机随时充足电，记录最美好的时刻。搞几场派对，拍臭美照，怎么喜欢怎么来。

2. 及时修剪残花、浇水、追肥，整理花枝。

3. 气温升高，病虫害也高发。月季防黑斑病及蓟马，旱金莲和铁线莲叶子注意潜叶蝇，玛格丽特和铁线莲防虫瘿，草本植物如西洋滨菊、白晶菊、月季嫩茎注意蚜虫。干燥易发生红蜘蛛，下雨潮湿易出现蜗牛和鼻涕虫。

4. 大丽花球出土，尽早搭支架，以确保健康生长，顺利开花。

六月花事

1. 绣球上场，'无尽夏'等枝条较软，一场雨就可能打乱原有的秩序，倒趴伏地，趁早用支架或者绑缚。

2. 萱草盛开，当年新种的球要开成规模还需要时间，不要着急。

3. 百合、落新妇、射干、松果菊以及月季的第二季花陆续登场。

4. 梅雨季防涝防蜗牛，防风吹雨打，随时绑缚及时修剪。月季黑斑病易爆发，防治不及时就会成为光杆司令；铁线莲枯萎病陆续造访，注意防风绑扎，断点的枝条及时修剪。

七月花事

1. 梅雨季节后，高温干旱天到来，注意防晒，必要时拉遮阳网。尤其是绣球、矾根、耧斗菜等不耐晒植物。

2. 浇水任务最为繁重的月份。浇水宜在清晨太阳照射之前或者傍晚太阳下山之后，避开高温灌溉。使用滴灌系统，可减少浇水压力。绣球属于"抽水机"，浇水必须充足。

3. 植物和杂草疯长。各种枯枝败叶及时整理，全面应对高温天气以及蚊虫的滋长。

4. 向日葵、翠芦莉等夏季型植物盛开；番茄、黄瓜等蔬果收获。

5. 玉簪被太阳晒焦的叶片可进行修剪，等待新芽。

八月花事

1. 三类铁线莲在立秋至八月下旬之前完成修剪，可在九月到十一月观赏到一波美丽的秋花。

2.波斯菊、向日葵等可再次播种赏秋花；耧斗菜、旱金莲等来年春季开花草花植物亦可在此时尝试播种，但要注意防暑防晒。

3.预定秋植球根，如洋水仙、郁金香、风信子、蓝铃花、大花葱等等。

九月花事

1.收拾整顿夏日留下的空花盆。月季在九月初可进行简单修剪，注意浇水，及时进行施肥，催生秋季花芽。

2.准备全面播种，酢酱草、耧斗菜、旱金莲、角堇、矮牵牛、香豌豆、白晶菊、西洋滨菊、松果菊、天竺葵、毛地黄、飞燕草以及各类冬季蔬菜，如菠菜、芹菜、芫荽、牛至、各种萝卜等等均可播种。

3.花园改造也可以选在这个季节进行。

十月花事

1.天气逐渐凉快，秋高气爽，不爱播种的人可以下单购置各种耐寒花苗了，如角堇、毛地黄，飞燕草、天竺葵、玛格丽特菊、矮牵牛、百万小玲等等。

2.各种夏天剩余下来的草花，开始翻盆。

3.秋虫登场，叶蜂、潜叶蝇、蓟马、白粉虱、夜盗蛾出没，如果偷懒会泛滥成灾，一定注意防控。

4.可以继续进行花园改造。

十一月花事

1.整顿花园，疏松泥土，花园的泥土最好翻垦一遍，以免板结。

2.秋植球根陆续到货，开始种植。

3.秋季卓花植物，每周一次液态氮肥促进生长。

十二月花事

1.整顿花园，埋冬肥，继续种植球根。

2.家里养的绿萝、虎皮兰等植物新陈代谢变缓，记得控水，三角梅移入室内或者阳光房；矮牵牛、百万小铃、玛格丽特菊等可继续打顶、追肥，避免霜打。

3.注意防寒防冻，暖房搭建起来。

/花园 · 四季/
—— 此文献给妈妈和她的花园

推开后门，玻璃门框上的水珠淌在手上，消失在初春寒冷的风中。睡眼惺忪的早晨，遇上室外的低温，睡意立刻散去。环顾四周，花园中的植物大多失去了颜色，只有少数仍然带着颜色深沉发黑的叶片。木制的平台上，木板的颜色显得那么僵硬，表面的纹路和凸起都十分清晰。把视野放向低处，土壤的表面像一层白翳。爬行的昆虫，去年种下的球茎，让我知道这白翳下生机涌动。

木板下发出了动静，虎斑猫钻了出来，它一直住在木平台的下面，早晨便会出现。它轻快地越过砖铺的小径，钻出了花园的围栏。

此时的我知道，花儿又将开放。

初夏，花园中的景象与初春相反，所有生命在这小小的土地上，进行一场浓缩的盛宴。早晨，与我混熟了的虎斑猫照例在后门外的台阶上等待，就等着我带着它的小零食出现。白色的小蝴蝶和花色的大蝴蝶时停时飞，是花以外又一番的美景。而虎斑猫又找到了新乐趣，抓蝴蝶，似乎没有什么可以阻止猫找到乐趣。而北窗外也是一片绿意，每天下午，喜鹊便飞在窗前的树梢上，不知是什么吸引了它们的注意，它们又双双飞去，日复一日。

日子一天天的过去，习惯了在早晨听见花园里的猫叫，在午饭后看到窗外的喜鹊，冬天，它们时常不见踪影，而寒冷的日子一旦过去，便又将看到它们的身影。

又到了春天，我养了猫，所以和外面的猫渐渐疏远了。

在阳台上发呆时，又看见了那只虎斑猫，比以前大了不少，而它似乎叼着一只垂死的喜鹊。第一次看见猫捕猎了这么大的动物，我惊讶它的捕猎能力。

不久以后，我在窗外发现一只小猫崽，看起来才出生不久。我把它用毛巾裹起，放在花园的纸箱里，过了一会儿，那只虎斑猫来了，警觉地看了看四周，然后跑过来将小猫崽叼在嘴里。几天后，花园中就多了三只小猫，在虎斑猫怀中吸取乳汁，原来它也当妈妈了。

到了秋天，北窗消失许久的喜鹊终于又出现了，这一只喜鹊总是出现在窗外的树梢上，不知是什么吸引了它的注意，它又独自飞去，日复一日。偶然遇到那几只小猫，它们也已经长大了，就像那个初春的小虎斑猫。

耳朵家的少年

2019年9月

后记

感谢我十五岁的小孩用他的方式为我这本书画上句号。很高兴，"耳朵的花园"能陪伴你成长。

感谢每一位参与本书出版的朋友。感谢江总、玛格丽特—颜、米米童、哓气婆、海螺姐、侯晔、兔毛爹等一众前辈、大咖、好友们的支持；感谢迷雾、晓恒、振宇、徐岩、宋杰、老猴，你们"走过路过"为我记录的生命里的美好瞬间。

感谢每一位阅读本书的朋友，愿你获益，愿你欢喜。无论是养花种草，还是花园设计，都不是一板一眼的数学题，我分享的也仅是我个人的体验，不是全部适用于你的通用公式。园艺是实践的艺术，也是时间的艺术。去尽情探索，去尽情享受属于你自己的园艺之美和园艺之乐！

最后，感谢我自己，感谢我的努力与坚持，并始终对梦想深信不疑！

耳朵

2020年3月

End

耳朵的诗园

耳朵的诗园

——写给草木的一往情深

前言

为她喜为她忧，为她付出为她坚持，为她练就十八般武艺在所不辞……
园艺这场修行，真的，像极了爱情。

经历过杭嘉湖"活久见"的 -9℃，经历过整个春天泡在半个世纪未遇
的漫长雨季；经历过夏季 40℃以上长期高温；经历过"十月秋台风"
一波接着一波……每次注视自己的小院，总会心生对自然的敬畏，总
会感恩它对我的馈赠。

而这几年，于我自己来说，也是乒铃乓啷各种折腾，遇到了一个园丁会遇到的各种问题，也体会了一个园丁所有的欢喜和忧愁。

常常有朋友问我：你的花怎么种得这么好？

很多时候，我其实想说，我种得并不好，我担心我一点点的傲娇，就会让意外趁虚而入。这也不是没教训，我家那覆盖整个楼梯的金银花京红九也算美艳一时的网红植物，但连续几年根基都惨遭蛴螬祸害，现在看到的已不是最初的母本了。所以，我觉得对于这种略带赞美的问题还是谨言慎行比较好，毕竟养花种草还需看天吃饭，不仅要看天气，还要看天分；不仅要看天分，还要看勤奋。一分耕耘一分收获。

我常常说"园艺是实践的艺术，也是时间的艺术"，它需要经验的累积，也需要时间的沉淀，它需要一些技术，但更需要艺术和情怀。所以如果你坚持要说我种得好，我也就不太娇情地告诉你：那是因为，我为每一株花草都写下诗篇。这话，我是认真的。这大概就是一个园丁，深情的样子。

在这个安静沉默的季节，我写下草木情诗，献给我的花草，也献给一路陪伴的你们，愿你我都没有白白受苦，愿你我都能尽情赞美这个世界，让我们一起期待下一个春天。

《一个园丁在想你》

昨夜晚来风急
我只顾着想你

花草都搁在雨夜里
忘了收进
我只顾着想你

昨夜
你好像来过我梦里
又好像全无踪迹
我听见的全都是雨

如果
一个园丁开始想你
有没有 一朵花
盛开在你心里?

《整个冬天我在揣测一个秘密》
——献给缄默不语的冬日土地和那些地下的球根

不再有花团锦簇
也没有赞美和祝福
那些原本好事的人
都习惯在西风里把口掩上

甚至
没有一个人发现
有一段故事正在近旁发生

有个爱情疼得不能再疼
压抑窒息，用力且不能言语

没有人关心
没有人问起
只有我一个人
焦躁不安
在揣测那个拿捏不好的结局

在沉默的季节，
请握着我的手
来一场推心置腹吧
我想一吐为快
告诉你那些秘密

然而
我也跟冬日的土地一样沉默
我也跟着人们在西风里把口掩上

只有
只有春天来时
那缄默不语的土地啊
才能告诉你那个藏了一个冬天的秘密
关于她的爱情
关于孕育 关于繁花似锦

《我在十二月的街头收下一束花》

我站在十二月的街头
等一匹马
带着猎猎西风和尘沙

你说
姐姐，请收下
这束春天的花

《我将洁白的爱情埋在雪地里》

南天竹燃烧成熊熊火焰
马蹄筋飘得思绪万千
舞春花在这个冬天莫名地开得一浪高过一浪

我端坐在洁白的廊下
看一张枯叶卷地风起

我可能面带微笑了
我想我应该写一首诗来唱诵冬天
或者赞美爱情

可
即便
熊熊燃烧的南天竹啊
也无法扭转整个冬天的寒意
就像我
习惯将洁白的爱情埋在雪地里

《这个季节适合沉默》

这个季节
我想
是适合沉默的

我们一定是沉默了很久
要不，我怎么再也没有办法开口
你一定是被我带坏了
要不，你怎么也没有办法打破僵局

我不擅长和人相处
我和一朵花说过的话 一定多过和一个人

你起身的时候
我没有动
我听见樱桃树上的最后一片黄叶簌地一声掉落在地

你一定没看见
我在你背后伸出了手
握了握 握了握空气
我手指的敏度一定是超越了我语言的速度
要不，它怎么一瞬间
就辨出了冬天的味道
寒凉 而静穆

《今夜的雨不睡 我不睡》

我不能入睡
我以为冬天的雨也像冬天一样缩手缩脚
缓慢、滞重、沉默不语
今夜的雨
听起来更像我对夏天的记忆
那么干脆那么汹涌那么不由分说

它们
拍打着泥土
拍打着栏杆
拍打着陈旧的空调外机
我甚至听见它们拍打木廊的声音
每一声都那么清晰

我不能入睡
每一声撞击金属栏杆的震颤
都像你的手指划过我的身体
余音三尺啊
都像落在了我的心上 百转千回

我不能入睡
我看见黑暗被雨水划出一道一道的痕迹
就像你在我心上划出的一样清晰

这个被雨水交织的冬天实在太长了
我担心那些浸泡在地下的沉默不语的球根
我的番杏花 我的郁金香 我的洋水仙
我担心我在冬天埋下的整个春天
——说好的 你会来的春天

今夜的雨不睡 我不睡
我欲说还休的冬天
和欲说还休的冬天
都不睡

《裂缝》

那不只是一片泥土
它并不像你看到的那样风平浪静
请你相信
每一道裂缝都是暗潮汹涌的证据

那不只是一片泥土
它并不像你看到的那样贫瘠和荒芜
请你相信
每一道裂缝都暴露着它对春天的热望
和深情

屏息凝神
你可否听见
远方已传来下一个季节的风声

屏息凝神
我听得见
从裂缝传来的歌声
怀揣喜悦　不疾不徐
直抵胸膛　热泪盈眶

那不只是一片泥土
它远比你看到的跌宕起伏惊心动魄
请你相信
每一场轮回都会扬起漫天尘沙
会有厮杀和挣扎

总要还所有黑暗的日子
一个朗朗的晴天吧
总要给所有等待的日子
一个圆满的答案吧
总要还所有萧瑟的日子
一个绚烂的春天吧

屏息凝神
你可否听见
故人戴锦归来的鼓声已在远处咚咚
作响

那不只是一片泥土啊
请你相信
每一道弯弯扭扭的裂缝
都是一粒种子替我写下的春天的诗行

《心事》

立春后
春天并没有如约而至
连阳光也变得奢侈
几片雪花从车窗前飞过又消失
我打了个寒颤
细长的脖子从羽绒服里探出来
显得特别刺眼

每个早晨我都有些局促不安
我从来没有这样期待过黑夜来临
蜷曲在黑暗 一言不发 连一丝喘息都不要泄露
这样的姿势让我觉得安全

在揭晓答案前
时间变得缓慢

我在一堵墙前站了很久
我跟它说了我的心事
它向来比我还沉默寡言
边上的树发出沙沙的声音
我也没有听懂它的意思

《我们之间的距离只差一场雨 · 冬写给春的情诗》

越靠近
我们的关系越微妙

我知道你已在归途
我们之间的距离
只差了一场雨

我习惯掩饰
但我从不掩饰对你的欢心
即便你到来的那一瞬
从来都是我离去的那一刻
你也要确信我的真心

我没有办法解释我离开的缘由
也许是我怕我的样子太丑
怕我的表情太过冷峻
怕我不知不觉破坏了你的气氛
你要确信
我不要看见任何一片嫩绿的叶子低垂
我不要看见一朵新开的花朵枯萎

我也不要在一朵花前落泪
我要优雅自在得像你不在的时候一样
我要矜持得像北极的雪

我应该给你写一封长长的信的
我怕我的字迹太过潦草
你看不懂我的留言

这个时候的风太乱
北风和南风交汇的时候
我怕雨水会打湿信笺

我要把我粉红的郁金香留下
把我嫩黄的洋水仙留下
把我洁白的雏菊留下
把我即将盛开的金莲花留下
把发芽没发芽的月季和铁线莲都统统留下

我不知道这样够不够
够不够你用一个季节来绚烂
再用三个季节来思念
就像我思念你一样

《春天把我吓了一大跳》

一定是我心猿意马
才会被树尖上那群欢叫的雏鸟吸引
才没发现那些偷偷从土里钻出来的新芽

一定是我缄口得太久
才迫不及待和路过的邻居说了太多关于"天气"的话
才没顾上那些悄悄盛开的角堇花

一定是我偷懒，
才会坐在墙角的阳光下打了太久的盹儿
才没发现春天早已兀自醒来，猛地拍了一下我的肩儿

一定是我大惊小怪
一定是冬天赖得太久
一定是雨季太长
一定是我对灰秃噜的老气横秋的色调习以为常
娇嫩的春天
才把我吓了一大跳

《月光》

台阶上撒满月光
每一个花盆都变得静穆
盆里的植物好像凝固
他们醒着　却不说话

两把椅子摆成了要好的样子
背靠着背　只坐着月光

我站在　你来过的地方
伸了伸手　没有抓住衣袖

《我们约好》

当第一缕阳光穿过栅栏上的那丛玫瑰
我递过篮子
你摘下花瓣
我说　带着露水　好美
你说　带着露水　好美

我们约好
当微风吹动第二道拱门上的藤蔓
我们坐在廊下
数着离我们最近的那朵木春的花瓣
我说　十一个花瓣　是爱
你说　确实　是十一个花瓣

我们约好
当月亮穿过屋角那棵桂花树的第三根枝条
我们守着月光
我说　一定是西墙金银花的味道
你说　有一个好看的脸庞　比它还要芬芳

我们约好
当第四级台阶传来纺织娘的歌唱
我们手拉着手
你说　就这样到老
我说　好
六十岁　可不可以让我再撒个娇